KB143924

Monique Atelier

MACARON CLASS

Monique Atelier

MACARON CLASS

모니크 아뜰리에 마카롱 클래스

김동희 지음

터닝포인트

PROLOGUE

7년 전, 마카롱은 저에게 그저 작고 달콤한 과자였어요. 집에 있던 조그마한 오븐으로 만들기 시작한 마카롱은 퇴근 후 저의 취미 생활이 되었어요. 배울 곳도 지금처럼 흔하지 않아 힘들게 배워야 했습니다. 마음처럼 잘 되지 않아 울며 밤을 지새우는 날이 많았죠. 그렇게 연습에 연습을 거듭하고 플리마켓에서 처음으로 직접 만든 마카롱을 판매했던 그날을 잊을 수가 없어요.

플리마켓에서 판매한 경험이 매우 큰 기쁨으로 다가와, 저는 작은 매장을 오픈하기로 마음먹었습니다. 그리고 점점 더 완벽한 마카롱을 만들고 싶다는 욕심과 제과 분야에 대한 궁금증이 끝없이 생겨나기 시작하면서 수많은 클래스를 다니고, 나카무라 아카데미를 수료하며 저의 본격적인 제과 생활도 시작되었습니다.

수년간 마카롱 클래스를 진행하고 매장을 운영하면서 쌓아온 노하우들을 나누고 싶었습니다. 최근 몇 년간 마카롱에 대한 관심과 인기가 굉장히 높아졌습니다. 오랜 시간 책을 준비하면서 걱정도 참 많이 되었어요. 이 책을 통해 마카롱과 조금 더 가까워질 수 있기를 바라는 마음을 담았습니다.

마카롱은 워낙 변수가 많아 만들기 어렵고 까다로운 디저트임은 분명합니다. 그래서 하루아침에 성공하기 힘든 디저트입니다. 책을 써나가면서 실제 수업에서와 같이 자세한 이론과 실패 요인, 해결 방법, 제작 과정을 최대한 자세히 보여드려야 한다고 생각했습니다. 왜 실패했는지, 어떻게 해야 제대로 된 마카롱을 만들 수 있는지를 쉽게 알려드리고 싶었습니다.

이 책에는 제가 매장을 운영할 당시의 레시피와 저만의 노하우를 담은 레시피 44개를 담았습니다. 중간중간 마카롱을 만드는 데 필요한 다양한 팁과 활용법 등도 넣었습니다. 마카롱을 처음 접하는 분, 마카롱의 실패를 경험해본 분, 조금 더 맛있는 마카롱을 만들고 싶은 분들 모두에게 도움이 될 수 있는 책이 되기를 바랍니다.

항상 꿈꿔오던 출판을 제안해주신 터닝포인트 출판사와 옆에서 열심히 서포트해주신 송유선 과장님, 책을 준비하는 1년이 넘는 시간 동안 곁에서 항상 힘이 되어준 가족, 아낌없는 조언을 해주신 미연 언니, 나의 멘토 조은정 셰프님, 이나도미 센세께 진심으로 감사의 마음을 전하고 싶습니다. 또 저를 믿고 응원해준 수강생분들이 없었다면 아마 지금의 저도 없었을 거예요. 저에게 제2의 인생을 선물해준 마카롱이 이 책을 보고 계신 모든 독자분들에게도 달콤한 선물을 가져다주길 바랍니다.

모니크아뜰리에 **김동희**

CONTENTS

PART 4. 마카롱 레시피

• Fruit × 과일 마카롱 •

Nut & Grain × 견과류 & 곡물 마카롱

Chocolate × 초콜릿 마카롱

• Tea & Coffee × 티 & 커피 마카롱 •

• Cream Cheess & Liqueur × 크림치즈 & 리큐어 마카롱 •

The Others × 기타 마카롱

PART 5. 응용 레시피

PART 1.

마카롱에 대하여

01 마카롱 이야기

동그랗고 작은 마카롱 안에는 깊은 역사가 담겨 있습니다.
마카롱의 유래와 기본적인 형태에 대해 소개합니다.

1. 마카롱의 역사

마카롱의 원조는 어느 나라일까요? 프랑스? 아닙니다.
바로 이탈리아인데요, 수많은 원조설이 있지만 문헌에 등장한 것은 16세기부터라고 합니다. 프랑스 사람들이 가장 사랑하는 왕인 프랑수아 1세는 이탈리아 문화에 관심이 많았습니다. 1533년 자신의 둘째 아들과 이탈리아 귀족을 결혼시키며 이탈리아 요리사들도 함께 프랑스로 건너오게 되었습니다. 이때 이탈리아에서 유행했던 아몬드 요리들이 함께 유입되며 아몬드 페이스트가 주재료였던 마카롱의 시조 마카로네(Maccherone)의 제조법도 전파되었습니다.
그렇게 프랑스로 전해진 마카롱은 17세기부터 프랑스의 귀족들은 물론 왕들까지 즐겨 먹는 간식으로 큰 인기를 얻게 됩니다. 18세기 말 프랑스의 몇 개 지역에서 독특한 마카롱들이 탄생했는데 그중 유명한 것으로 낭시 지방의 마카롱(Macaron de nancy)이 있습니다.
낭시 지방의 수도원에서 두 자매의 수녀들이 그녀들만의 독특한 방법으로 마카롱을 만들기 시작했고, 프랑스 대혁명이 일어나 갈 곳을 잃은 수녀들을 도왔던 사람들에게 마카롱 제조법을 알려주며 세상에 알려지게 되었습니다. 현재에도 낭시 지방에서는 이 방법 그대로 만든 자매의 마카롱(Macaron de soeurs)이라는 이름으로 마카롱 드 낭시를 판매 중입니다.
우리가 잘 알고 있는 모양의 마카롱 원조는 바로 제과점 라뒤레(Laduree)인데요, 정확히는 20세기 초 루이 에르네 라뒤레(Louis ernest laduree)의 손자 피에르 데퐁텐에 의해서 탄생되었습니다. 그리고 현재, 21세기 현존하는 최고의 디저트 거장, 파티스리의 피카소라 불리는 피에르 에르메가 형형색색의 화려하고 다양한 마카롱들을 출시하며 세계적인 히트를 시켜 지금에 이르렀습니다.

2.

마카롱의 구조

코크(coque)

코크는 프랑스어로 '껍질'이라는 뜻입니다. 겉이 단단하고 매끈한 형태가 조개 등의 껍질과 비슷하기 때문에 쉘, 또는 코크라고 부릅니다.

피에(pied)

마카롱에는 다른 제과에는 없는 명칭이 하나 있습니다. 바로 '피에'입니다. 피에는 '발'이라는 뜻으로 코크의 아래에 형성되어 있습니다. 코크의 반죽은 팬에 짠 뒤에 표면을 건조시키고 오븐에 굽는 과정을 거칩니다. 이때 반죽이 팽창하며 위로 부풀어야 하는데 코크의 표면이 말라 있어 부풀지 못하고 아래로 팽창하는 것입니다. 이 과정에서 생기는 것이 피에입니다.

코크가 만들어지는 원리

코크를 오븐에 넣어 굽기 전에 실온에 두고 건조시키는 과정을 거칩니다. 이 과정에서 코크 표면의 수분이 증발하며 달걀흰자의 단백질과 설탕이 결합하기 쉬운 상태가 됩니다. 이때 오븐에 넣어 열을 가하면 표면의 달걀흰자와 설탕이 결합된 얇고 딱딱한 코팅막이 형성되고 이로 인해 안에 갇혀 있던 반죽 속의 수분이 열로 인해 수증기로 변화되며 반죽이 팽창됩니다. 팽창된 수증기가 표면의 막 때문에 위로 분출되지 못하고 건조되지 않은 바닥을 통해 옆으로 퍼지며 피에를 형성하게 되는 것입니다.

필링(filling)

코크 사이에 넣는 내용물을 가리킵니다. 마카롱의 필링은 아주 다양한 것들을 사용할 수 있습니다. 대표적으로 버터크림이나 가나슈를 사용하며 잼 또는 과일 콩피나 마멀레이드 등으로 다양한 맛을 내기도 합니다.

⓪② 도구 소개

마카롱을 만들기 위해 필요한 기본적인 도구들과 오븐을 소개합니다.

❶ 오븐
베이킹을 시작하기 위해서 반드시 필요한 도구 중 하나는 오븐입니다. '어떤 오븐을 사용하느냐'보다 중요한 것은 '내가 사용하고 있는 오븐의 특성'을 파악하는 것이 더욱 중요합니다. 같은 오븐을 사용하더라도 사용하는 환경과 전압에 따라 오븐의 데이터는 수시로 변하기 때문에 항상 오븐용 온도계를 사용하는 습관을 들이고 오븐과 친숙해져야 합니다. 이 책에서 사용한 오븐은 스메그 ALFA43K입니다.

❷ 테프론시트
마카롱을 구울 때 오븐팬에 올려 사용합니다. 테프론시트는 300도까지 견디는 내열이 강한 제품입니다. 보통 종이포일을 사용하기도 하지만 마카롱을 구울 때 종이포일을 사용하면 마카롱의 수분을 흡수하여 마카롱의 모양이 찌그러지거나 쉽게 떨어지지 않을 수 있습니다. 테프론시트는 깨끗이 세척해 재사용할 수 있습니다.

❸ 짤주머니
짤주머니는 비닐로 된 일회용 짤주머니와 세척하여 반복적으로 사용이 가능한 천 짤주머니가 있습니다. 천으로 된 짤주머니는 사용 후 삶아 소독하여 청결에 유의하도록 합니다.

❹ 주걱, 스크래퍼
주걱은 고무 재질의 끝이 탄력 있고 단단한 것이 좋습니다. 스크래퍼는 짤주머니에 담긴 반죽이나 크림을 밀어내고, 주걱 대신 반죽을 혼합할 때 등에 사용합니다.

❺ 거품기
반죽이나 크림, 달걀, 우유 등 각종 재료를 손쉽게 섞을 때 사용합니다. 크기별로 다양하게 구비해두면 편리합니다.

❻ 믹싱볼
믹싱볼은 반죽이나 머랭을 혼합할 때 혹은 필링을 만들 때 사용합니다. 각각의 상황에 맞는 크기의 볼을 선택하도록 합니다.

❼ 냄비
냄비는 시럽을 끓이거나 캐러멜을 만들 때 주로 사용합니다. 바닥이 너무 얇지 않은 것이 좋고 용도에 맞는 적당한 크기의 냄비를 선택하여 사용합니다.

❽ 내열용기
초콜릿을 녹이거나 버터를 녹일 때 전자레인지를 이용하거나 중탕하는 경우가 많은데, 이때 열에 강하고 변형이 적은 내열용기를 사용하는 것이 좋습니다.

❾ 깍지(원형깍지와 모양깍지)
마카롱 반죽을 팬닝할 때는 주로 지름이 1cm인 원형깍지를 사용합니다. 깍지의 사용이 익숙하지 않다면 그보다 작은 지름 7mm나 8mm를 사용해도 좋습니다. 필링이나 코크, 용도에 맞게 다양하게 준비하여 사용하도록 합니다. 이 책에서는 주로 801번, 803번, 804번, 806번, 807번, 867번, 195K번을 사용했습니다.

체
핸드블렌더
핸드믹서
온도계
오븐용 온도계
실내용 온·습도계
타이머
저울
SATO
00 M 00 S
10Min
5Min
1Min
10Sec
STOP/ RESET
CLOCK TIMER
START
DRETEC
ON/OFF
18.2℃
30%
SET MAX/MIN
CLEAR
℃/F

⑩ 체

아몬드파우더를 곱게 내리기 위해 중간 굵기 정도의 체를 이용합니다. 스테인리스 스틸 재질이 오래 사용해도 녹슬지 않고 위생적으로 사용할 수 있습니다.

⑪ 핸드블렌더

요리에서는 주로 분쇄나 다지기에 이용하지만 이 책에서는 주로 초콜릿을 유화시키기 위한 도구로 사용했습니다. 이 책에서 사용한 핸드블렌더는 Bamix M180입니다.

⑫ 푸드프로세서

거친 아몬드파우더를 곱게 갈아주기 위해 사용하거나 다른 재료들을 갈 때 사용합니다.

⑬ 핸드믹서

머랭을 만들 때 핸드믹서를 사용하면 기포를 고르고 단단하게 올릴 수 있습니다. 생크림, 달걀의 거품을 내거나 버터를 부드럽게 풀어줄 때, 간단한 반죽을 할 때도 손거품기로 하기 힘든 작업을 쉽고 빠르게 할 수 있습니다. 이 책에서는 토네이도 300w 핸드믹서를 사용했습니다.

- 대량의 코크를 만들거나 버터크림을 만드는 경우 스탠드 믹서를 사용하면 손쉽고 빠르게 작업할 수 있습니다.

⑭ 온도계

시럽을 끓이거나 온도 확인이 필요한 작업 시 꼭 온도계를 사용합니다. 온도계는 직접 재료에 꽂아 사용하는 막대형 온도계와 표면에 레이저를 쏘아 온도를 재는 비접촉식 온도계로 나눌 수 있는데 정확한 온도가 필요한 경우에는 막대형 온도계를 사용하는 것이 좋습니다.

⑮ 저울(계량도구)

베이킹을 위해 필요한 재료들을 다룰 때는 꼭 저울을 사용해야 합니다. 정확한 무게를 위해 전자저울을 사용하는 것이 편리합니다.

⑯ 실내용 온·습도계

마카롱은 주변의 온도나 습도에 민감하게 반응합니다. 날씨에 따라 작업성이 달라지는 만큼 작업실의 평균 온도는 22~23℃, 습도는 35~40%를 유지할 수 있도록 온도계 및 습도계를 사용하면 도움이 됩니다.

⑰ 오븐용 온도계

마카롱은 온도에 매우 민감합니다. 오븐마다 온도의 편차가 있기 때문에 오븐 내부의 온도를 정확하게 확인할 수 있는 오븐용 온도계를 꼭 사용하는 게 좋아요. 예열 온도를 확인하고 내 오븐의 온도가 정확한지 등 오븐의 컨디션을 체크하기 위해서 오븐 내부에 놓고 사용해주세요.

⑱ 타이머

오븐의 온도도 중요하지만 굽는 시간 또한 매우 중요합니다. 30초에서 1분의 차이로도 제품의 결과는 확연히 달라질 수 있습니다. 따라서 반드시 타이머를 이용해 적절히 구워지는 시간을 정확하게 지켜 굽는 것이 좋습니다.

⓪③ 재료 소개

질 좋은 재료의 선택과 보관은 마카롱을 만드는 공정만큼이나 중요합니다. 마카롱에 쓰이는 재료, 각 재료의 보관 방법과 주의할 점, 특징 등을 소개합니다.

❶ 달걀흰자

달걀흰자는 90%가 수분이고 나머지는 단백질로 이루어져 있습니다. 단백질은 공기가 포집될 때 거품이 잘 나도록 도와주는 역할을 합니다. 숙성이 된 흰자의 경우 수분은 줄어들고 단백질은 얇아져 거품이 더 풍성하게 형성됩니다. 코크를 만들기 위한 흰자는 노른자와 분리 후 최소 3일 정도 숙성을 시켜 사용하는 것이 좋은데요, 신선한 달걀은 덜 견고한 껍질을 형성시키게 되고 코크가 뒤틀리거나 모양이 제대로 나오지 않을 수 있기 때문입니다. 분리한 흰자는 냉장고에 보관할 때 뚜껑에 습기나 수분이 맺힐 수 있으므로 공기가 통하도록 완전히 밀봉하여 보관하지 않도록 합니다. 작업 전 한두 시간 전에 흰자를 냉장고에서 꺼내 실온 상태에서 사용해야 머랭의 부피가 최대가 됩니다.

* 멸균흰자(팩)는 숙성도가 빨라 코크가 납작해지고 반죽이 빨리 퍼지므로 사용하지 않는 것이 좋습니다.

❷ 설탕

설탕은 머랭을 올릴 때 공기를 포집해서 머랭의 구조를 탄탄하게 만들어주는 역할을 합니다. 일반적인 흰 설탕으로도 충분히 좋은 결과를 얻을 수 있지만 설탕 중에서도 결정이 작은 그래뉴당은 일반 흰 설탕보다 물에 잘 녹기 때문에 머랭이 더 조밀하고 단단하게 잘 오릅니다. 단, 흰 설탕 대신 자일로스 설탕이나 슈거파우더를 사용하면 절대 안 됩니다.

❸ 아몬드파우더

아몬드파우더는 코크의 가장 중요한 재료입니다. 아몬드파우더는 신선해야 하며 쓸 만큼 밀폐용기에 담아 냉장보관 해야 합니다. 아몬드파우더를 고를 때는 유분 함량의 밸런스가 중요합니다. 유분 함량이 적당하고 입자가 고운 것을 사용해야 하는데요, 유분이 많은 아몬드파우더를 사용하면 머랭이 쉽게 사그라져 속이 비거나 크랙이 생길 수 있습니다. 오래되거나 보관 상태가 좋지 않은 아몬드파우더도 코크에 유분이 배어 나와 표면에 얼룩이 지는 현상이 발생할 수 있습니다. 매끄럽고 풍미가 좋은 코크를 위해 슈거파우더와 함께 푸드 푸로세서에 갈아 사용하기도 하는데 오히려 과하게 갈아버리면 유분이 배어 나올 수 있기 때문에 주의해야 합니다. 푸드프로세서에 갈아서 사용할 때는 3~7초 정도로 짧게 끊어 갈아줍니다. 이 책에서는 우신아몬드 가루 100% 제품을 사용하였습니다.

* 아몬드파우더에 유분이 적으면 코크 성공률은 높지만 풍미가 떨어지고, 아몬드파우더에 유분이 많으면 코크 성공률은 낮지만 풍미가 좋습니다. 기호에 맞는 아몬드파우더를 적절히 섞어 사용하는 것도 좋은 방법입니다.

❹ 슈거파우더

슈거파우더는 코크의 핵심 요소 중 하나입니다. 미세하고 고운 입자는 아몬드파우더와 완벽하게 섞이면서 제품이 잘 나오도록 돕고 매끄러운 텍스처를 얻도록 도와줍니다. 일반적으로 슈거파우더는 3~5% 정도의 전분을 포함하는데 전분 함량이 높으면 코크 표면에 크랙이 생기는 현상이 발생하기 때문에 전분 함량이 5% 미만이거나 100% 설탕인 제품으로 사용하는 것이 좋습니다. 사용하기 전에는 아몬드파우더와 함께 체에 내려 사용합니다. 이 책에서는 꼬미다 제품을 사용하였습니다.

❺ 색소

식약청에서 허가를 받은 식용색소를 사용해야 합니다. 색소에는 리퀴드 타입, 젤 타입, 가루 타입이 있습니다. 사용량에 따라 반죽의 텍스처가 달라질 수 있으므로 너무 많은 양을 사용하지 않도록 합니다. 이 책에서는 셰프마스터 제품(20g짜리)을 사용하였습니다.

les vergers
boiron
FRAMBOISE
RASPBERRY
PURÉE DE FRUITS - SURGELÉE
FRUIT PUREE - FROZEN
SUCREE
SUGAR ADDED
2,2lbs 1kg
퓌레
BAILEYS
The
ORIGINAL
Irish Cream
리큐어
KAHLÚA
COFFEE
LIQUEUR
THE ORIGINAL
IMPORTED
버터
Elle & Vire
BEURRE BARATTÉ / CHURNED BUTTER
FRANCE
BEURRE
GASTRONOMIQUE
Gourmet Butter
DOUX
UNSALTED
바닐라빈
크림치즈
파우더류
생크림
초콜릿

❻ 생크림

가나슈, 버터크림에 사용되는 생크림은 유지방 100%인 제품(동물성 생크림)을 사용합니다. 유지방 함량이 높을수록 고소한 맛을 내기가 좋습니다. 이 책에서는 서울우유 제품을 사용하였습니다.

❼ 버터

버터크림에 들어가는 필수 재료인 버터는 무염버터와 가염버터, 발효버터와 비발효버터로 나누어집니다. 버터크림에는 주로 무염버터를 사용합니다. 버터를 그대로 섞어 크림으로 사용하기 때문에 최대한 냄새가 배지 않도록 보관하여 사용합니다. 이 책에서는 엘르앤비르 고메버터(무염)를 사용하였습니다.

❽ 크림치즈

부드럽고 가벼운 맛을 가진 치즈로 지방 함량이 다른 치즈들에 비해 높은 편입니다. 우리나라에서는 주로 빵 위에 발라 먹거나 케이크의 프로스팅, 또는 치즈케이크의 재료로 많이 사용됩니다.

❾ 초콜릿

마카롱의 필링으로 사용하는 가나슈의 재료로 다크 커버추어, 밀크 커버추어, 화이트 커버추어, 컴파운드(코팅용), 초코칩으로 나뉩니다. 카카오 함량을 확인한 뒤 용도에 맞게 사용합니다. 이 책에서는 발로나와 깔리바우트 제품을 사용하였습니다. 다크 초콜릿은 발로나 만자리 64%와 발로나 과나하 70%, 밀크 초콜릿은 발로나 지바라라떼 40%, 화이트 초콜릿은 발로나 오팔리스 33%를 사용하였습니다.

❿ 바닐라빈

바닐라빈은 바닐라콩을 건조시킨 재료로 빈을 반으로 잘라 씨를 긁어 사용합니다. 바닐라빈은 밀봉하여 냉동보관 해주세요. 사용한 껍질은 잘 말려서 설탕과 함께 1:10 비율로 갈아 쓰면 바닐라설탕이 됩니다.

⓫ 파우더류

이 책에서는 콘스타치, 콩가루, 코코아파우더, 말차가루 등 다양한 파우더 제품을 사용하였습니다. 콘스타치는 옥수수의 배유 부분에서 추출된 녹말로, 베이킹에서 사용되는 전분은 주로 옥수수전분입니다. 옥수수전분에 수분을 더해 열을 가하면 녹말이 호화되며 부드러운 크림을 만들 수 있습니다.

⓬ 잼, 퓌레

과일로 만든 잼과 퓌레는 마카롱 필링으로 사용하면 부드러운 식감으로 완성됩니다. 잼은 조각으로 자르거나 통과일을 으깨어 만든 것으로 과일의 펙틴을 활성화시키기 위해 물과 설탕으로 조린 것입니다. 퓌레는 과일이나 야채를 갈아서 만든 순수한 과즙입니다. 이 책에서는 잼은 직접 만들어 사용하였고 퓌레는 브아롱 제품을 사용하였습니다.

⓭ 리큐어

증류주에 약초, 향료, 과일 등을 첨가하여 만든 술입니다. 베이킹에서는 주로 재료의 풍미를 더해주기 위해 사용합니다.

④ 용어 소개

마카롱 만들기에 앞서 자주 사용되는 용어들은 미리 알아두는 것이 좋겠죠?
처음엔 생소하지만 알아두면 편한 베이킹 용어들을 소개합니다.

- **마카로나주**: 반죽을 주걱으로 여러 번 섞으며 반죽의 되기를 맞춰가며 공기를 빼는 과정으로 코크 작업에서 제일 중요한 과정입니다.

- **몽타주(샌딩)**: 한 쌍의 코크 사이에 필링을 채운 후 마주보게 붙여 작업하는 과정입니다.

- **머랭**: 달걀흰자를 휘핑하면서 하얀 거품이 부풀어 오르기 시작할 때 설탕을 넣어 만든 흰 거품을 가리킵니다.

- **팬닝**: 반죽을 완성한 뒤 오븐팬에 반죽을 동그랗게 짜는 작업을 말합니다.

- **유화**: 버터 같은 유지와 수분 재료를 분리되지 않도록 매끄럽게 섞는 과정을 말합니다. 둘을 잘 섞기 위해 유화제를 사용하기도 합니다.

- **실온 상태(실온 버터)**: 버터나 달걀 등을 사용하기 1시간 전에 냉장실에서 꺼내 냉기를 제거합니다. 실온에 두면 재료들이 부드럽게 풀어지며, 재료들이 섞일 때 온도차로 인한 분리 현상을 방지할 수 있습니다.

- **오븐 예열**: 오븐을 사용하기 약 20분 전, 미리 굽는 온도를 설정하여 오븐을 작동시켜 놓는 것을 의미합니다. 예열을 하지 않고 바로 사용하면 원하는 온도로 도달하기까지 상당한 시간이 소요됩니다. 또 원하는 제품의 모양이나 색감을 얻기 어려우며, 수분을 빼앗겨 식감도 나빠집니다. 오븐 문을 열면 온도가 급격히 떨어지므로 필요한 온도보다 10℃ 높게 예열하는 것도 좋은 방법입니다.

- **휘핑**: 달걀, 생크림, 버터 등을 거품기나 핸드 믹서 등으로 젓는 작업입니다. 저으면서 일정 양의 공기가 주입되며 부피가 늘어납니다.

- **믹싱**: 서로 다른 재료들을 골고루 섞는 작업입니다.

- **체 친다**: 가루 재료를 체에 내리는 작업입니다. 불순물이 제거되고 뭉치거나 덩어리진 가루들이 풀어지면서 가루 사이에 공기가 들어가 반죽이 부드러워집니다.

- **중탕**: 재료가 담긴 그릇을 직접 불에 가열하지 않고, 데워진 물을 이용해 간접적으로 온도를 높이는 방법입니다. 초콜릿이나 버터를 녹일 때, 스위스 머랭의 달걀흰자 온도를 높일 때 등에 사용합니다. 중탕으로 재료를 녹이거나 온도를 높일 때는 수증기로 인한 수분이 재료 안으로 들어가지 않도록 주의합니다.

- **제스트**: 요리나 베이킹에 향을 더하기 위해 사용되는 시트러스 계열(레몬, 오렌지, 자몽 등)의 과일 껍질입니다. 깨끗이 세척한 후 바깥쪽 껍질을 얇게 갈아 사용합니다.

⑤ 마카롱의 숙성과 보관 방법

마카롱은 만들자마자 바로 먹지 않고 숙성이라는 과정을 거친 후에 먹는 것이 좋습니다. 마카롱을 숙성하고 보관하는 방법에 대해 알아보겠습니다.

1. 마카롱의 숙성

완성된 마카롱을 바로 먹으면 조금 딱딱할 수 있습니다. 그래서 반드시 냉장상태로 하루 정도 '숙성'하는 과정이 필요합니다. 숙성을 통해 아몬드파우더에 함유된 지방이 마카롱 전체에 고르게 퍼지고, 필링의 수분이 코크에 적절하게 스며들어 부드럽고 쫄깃한 식감을 가진 상태의 마카롱이 되는 것입니다. 냉장고에서는 숙성이 천천히 진행되어 안정적인 식감을 느낄 수 있습니다. 실온에 둔 마카롱은 숙성이 빠르게 진행되거나 물러질 수 있으므로 마카롱은 차갑게 즐기는 것이 좋습니다.

2. 마카롱의 보관 방법

프랑스의 경우 전문 매장들은 마카롱을 만든 직후 급속냉동 시켜서 최대 6개월까지 보관하고 있습니다. 이때 중요한 것은 공기가 들어가지 않도록 밀봉해서 급속으로 얼리는 과정입니다.

일반적으로 숙성이 끝난 마카롱은 포장 후 밀폐용기에 옮겨 냉장보관 2~3일, 냉동보관은 한 달 정도 가능하지만 수분이 많은 필링의 경우(크림치즈, 잼, 콩포트 등)는 오래 보관하지 않는 것이 좋습니다. 한 번 해동한 마카롱은 다시 냉동하지 않는 것이 좋으며, 냉동고에 보관했던 마카롱은 냉장고로 옮겨 서서히 해동시키도록 합니다.

오랜 시간 포장되지 않은 채로 냉장고에 보관하거나 쇼케이스에 진열해두면 수분이 증발하여 마카롱이 퍼석해질 수 있으니 주의하여야 합니다. 쇼케이스에 진열 시 2~3일 이내에 소진하도록 합니다.

PART 2.

코 크

⓪① 코크 만들기의 과정

코크는 다음의 5가지 스텝을 거쳐 완성됩니다.

STEP 1. 머랭 → STEP 2. 마카로나주 → STEP 3. 팬닝 → STEP 4. 건조 → STEP 5. 굽기

STEP 1.

머랭

머랭은 코크 만들기의 가장 중요한 과정입니다. 머랭을 얼마나 어떻게 올리느냐에 따라 코크의 상태가 결정된다 해도 과언이 아닐 정도로 머랭이 차지하는 중요도는 80% 이상이에요.
머랭은 덜 올려도, 그렇다고 너무 단단하게 올려도 제대로 된 코크가 나오기 어려워요. 특히 작업 공정에서 올바른 결과물이 되기 위한 허용치는 매우 작습니다. 설탕은 흰자 거품의 안정성을 높여주기도 하지만 한 번에 많은 양을 넣으면 거품의 형성을 방해하게 되므로 적절한 타이밍에 나누어 넣는 것이 중요합니다. 머랭은 절대 시간으로 데이터를 잡으려고 하면 안 돼요.
작업 환경과 재료의 상태에 따라 머랭의 결과도 매번 달라지기 때문에 항상 머랭의 상태를 관찰하며 적절한 상태의 머랭을 만들 수 있도록 하는 것이 중요합니다.

● 머랭을 덜 올린 경우

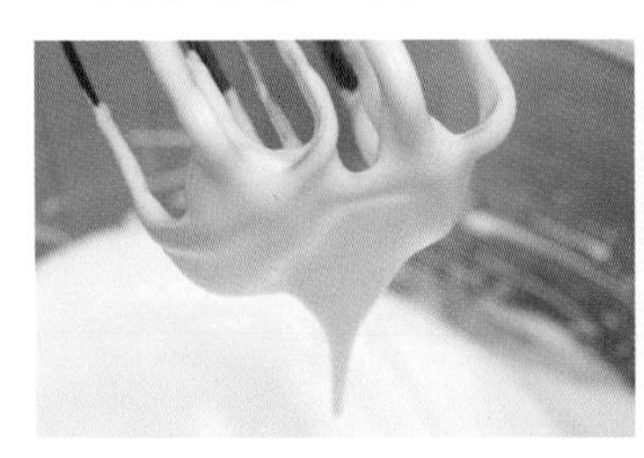

거품기 날을 들었을 때 머랭의 끝이 아래로 힘없이 늘어집니다.

마카로나주 작업 시 반죽이 금방 질어집니다.

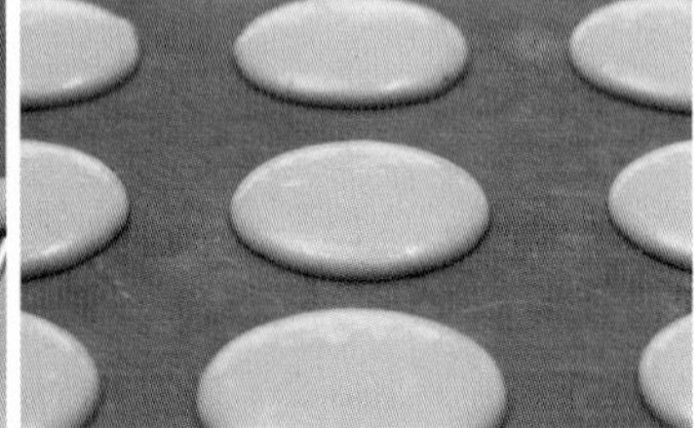

팬닝 후 반죽이 퍼집니다.

피에가 납작하거나 옆으로 퍼지는 현상이 발생합니다.

구운 후 코크 표면에 얼룩이 생기거나 껍질이 얇아 깨질 수 있습니다.

내상을 확인했을 때 윗면이 비어 있는 경우가 있습니다.

● 머랭을 적절히 올린 경우

머랭은 부드럽지만 탄력 있고 전체적으로 광택이 있습니다.

거품기를 들어 올렸을 때 머랭의 끝부분이 뾰족하게 살짝 휘어집니다.

마카로나주 작업 시 적당한 횟수와 시간이 소요됩니다.

팬닝 후 반죽이 퍼지지 않고 볼륨이 적절히 남아 있습니다.

구운 후 코크 표면이 매끄럽고 피에가 곧게 올라옵니다.

내상을 확인했을 때 속이 촘촘히 잘 차 있고 코크에 볼륨이 있습니다.

● 머랭을 과하게 올린 경우

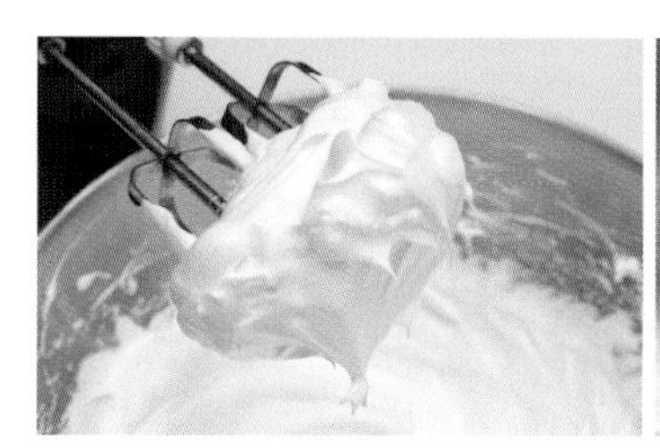

머랭이 거품기 주변으로 단단하게 뭉치며 버글거립니다.

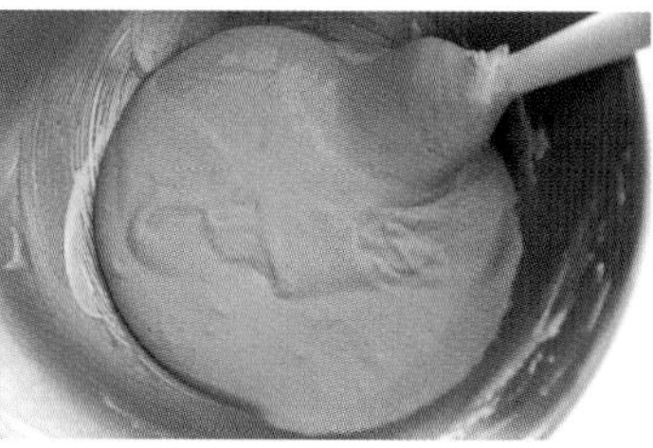

머랭이 단단하여 마카로나주 작업 시 잘 섞이지 않아 시간이 오래 걸립니다.

팬닝할 때 혹은 팬닝 후 머랭을 적절히 올린 경우와 크게 차이가 없지만 간혹 표면에 자국이 남아 있습니다.

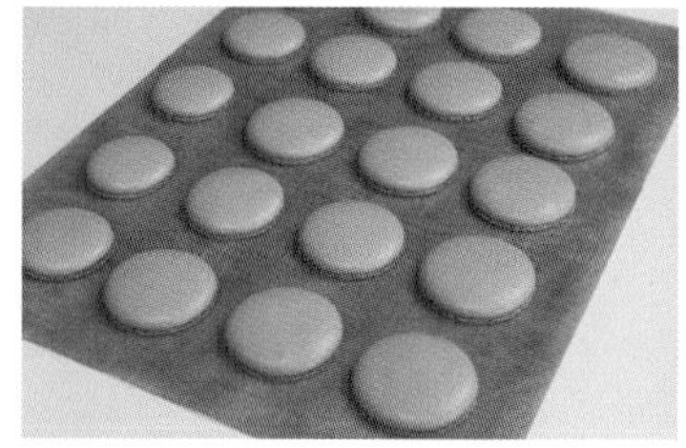

마카로나주 시간이 오래 걸리는 만큼 코크 표면에 유분이 뜨는 현상이 생깁니다.

구운 후 피에가 많이 부풀고 거칩니다.

내상을 확인했을 때 기공이 크며 속이 비어 있을 수 있습니다.

잘못된 머랭에 따른 대처법은?

머랭을 덜 올린 경우 마카로나주가 대체적으로 빠르게 진행되는 편이기 때문에 마카로나주 횟수를 줄여주세요. 반대로 머랭을 과하게 올린 경우 마카로나주의 횟수를 늘리면 적당한 두께와 모양의 코크를 만들 수 있습니다.

STEP 2.

마카로나주

마카로나주란 마카롱 반죽을 만드는 과정 중 거품을 올린 머랭과 아몬드파우더, 슈거파우더를 적절한 농도로 섞는 작업을 말합니다. 어떠한 머랭을 사용하더라도 마카로나주를 완성했을 때 반죽의 상태는 너무 되직해서도, 너무 질어서도 안 돼요.

좋은 반죽은 머랭이 사그라들며 생긴 수분으로 인해 반죽에서 윤기가 흐르고 반죽을 듬뿍 들어 올렸다가 떨어트렸을 때 떨어진 반죽의 자국이 선명하게 남아 있다가 서서히 사라지는 상태여야 합니다. 마카로나주가 부족해 반죽이 되직한 경우에는 반죽에서 윤기가 흐르지 않고 거칠며, 반죽을 들어 올려 떨어트렸을 때 뚝뚝 끊어지며 덩어리째 떨어집니다. 반대로 마카로나주가 오버되어 질척해진 경우에는 반죽을 들어 올려 떨어트렸을 때 떨어트린 자국이 남지 않고 빠르게 사라지며 물처럼 흐르는 느낌이 듭니다.

완벽한 머랭을 만들었다 해도 마카로나주가 제대로 되지 않으면 코크 작업이 원활하게 이루어지기 어렵습니다. 마카로나주는 꾸준한 연습과 시간이 필요합니다.

● 마카로나주를 덜한 경우

반죽이 전체적으로 거칩니다.

반죽을 들어 올려 떨어트렸을 때 뚝뚝 끊어지며 덩어리째 떨어집니다.

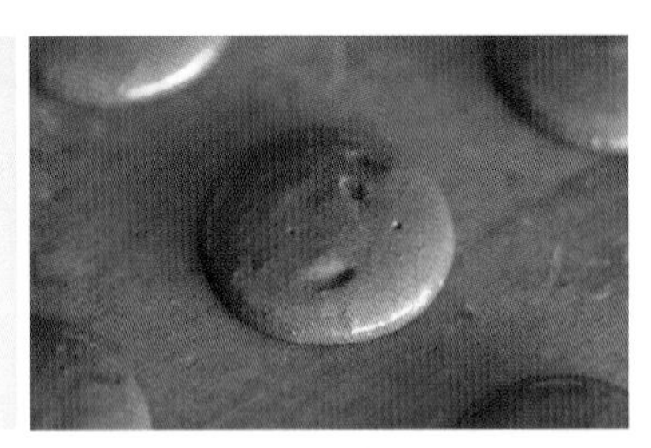

팬닝 후 잘 퍼지지 않고 코크 표면에 자국이 남아 있습니다.

구운 후 피에의 높이가 높고 표면이 거칩니다.

내상을 확인했을 때 껍질이 두껍고 속이 비어 있는 경우도 있습니다.

● 마카로나주를 적당히 한 경우

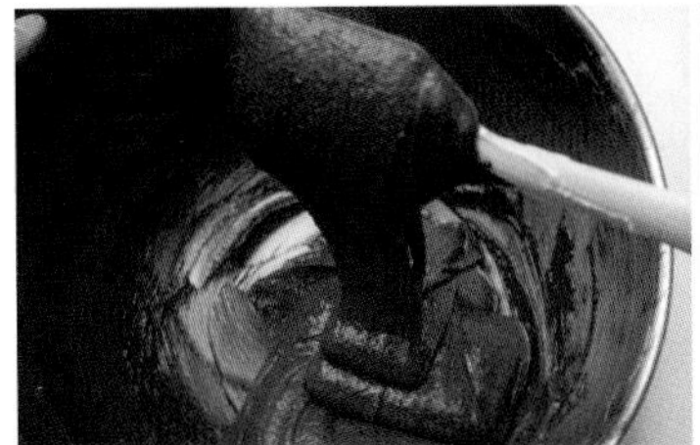

반죽에 적당한 윤기가 흐르고 반죽을 들어 올려 떨어트렸을 때 무게감 있게 천천히 떨어집니다.

떨어진 반죽은 약 10~15초 정도 유지되며 천천히 퍼집니다. 퍼진 후에도 자국은 희미하게 남아 있습니다.

팬닝 후 팬 밑바닥을 쳐서 기포를 정리하면 반죽이 자연스럽게 퍼지며 표면이 매끄러워집니다.

구운 후 표면이 매끄럽고 코크에 적당한 볼륨이 있습니다.

내상을 확인하면 속이 꽉 차 있습니다. 피에는 곧으며 껍질 두께도 적당합니다.

● 마카로나주를 오버한 경우

반죽이 전체적으로 묽습니다.

주걱으로 들어 올렸을 때 반죽이 주르륵 흘러 떨어지며 빠르게 퍼집니다.

팬닝을 하면 반죽에 볼륨이 없고 표면에 기포가 많이 올라오며, 건조 시간이 지나도 잘 마르지 않습니다.

코크 껍질이 얇고 바닥이 끈적이며 표면이 얼룩지듯 쭈글거릴 수 있습니다.

구운 후 코크가 납작하고 껍질이 얇습니다. 속은 촉촉합니다.

STEP 3.
팬닝

마카로나주를 끝낸 후 팬 위에 일정한 크기로 동그랗게 반죽을 짜는 과정을 말합니다. 오븐팬 위에 테프론시트를 깔고 그 위에 적당한 간격을 유지하며 반죽을 짜는데, 이때 중요한 건 '일정한 크기'로 팬닝하는 것입니다. 한 오븐팬 안에서 크기가 일정하지 않고 불규칙하면 같은 온도와 시간으로 구웠을 때 크기가 작은 건 많이 구워져 딱딱하고, 반대로 크기가 큰 건 익지 않을 수 있어요. 도안을 이용해 일정한 크기로 팬닝하도록 합니다.

잘못된 팬닝 방법

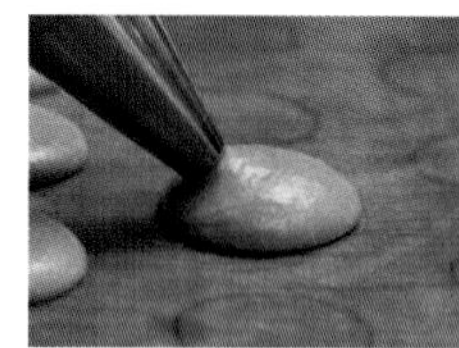
기울여 짜기

꺅지 들어 올리기

수직으로 올려 뽑기

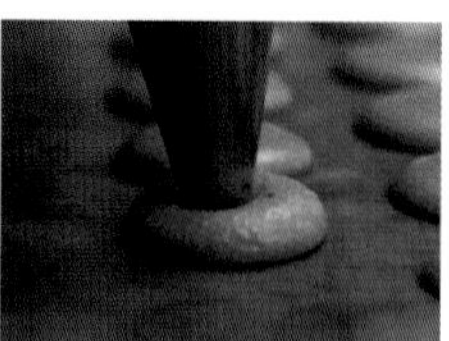
눌러 짜기

STEP 4.
건조

팬닝한 반죽을 건조시키면 건조된 겉부분은 구웠을 때 바삭하고 속은 촉촉하면서 부드러운 식감의 코크가 만들어집니다. 건조 시간은 계절과 날씨, 작업실의 온도와 습도, 반죽의 상태에 따라서 달라집니다. 적당한 건조 시간은 30분~1시간입니다.
반죽이 적당히 건조되면 겉면에 윤기가 사라지며 손으로 윗면을 만져보았을 때 손에 반죽이 묻어나지 않습니다. 또 중앙에서는 반죽의 탄력이, 가장자리에서는 단단함이 느껴집니다.
너무 많이 건조시키면 반죽의 속까지 말라버려 껍질이 두껍게 형성되기 때문에 구워냈을 때 식감이 부드럽지 않고 바삭할 수 있습니다. 아무리 오래 말려도 마르지 않는다면 환경이 습하거나 마카로나주가 오버되었을 가능성이 있으므로, 습한 환경이 되지 않도록 제습기로 온도와 습도를 조절해주세요. 컨벡션 오븐으로 열풍 건조할 경우 시간을 절약할 수 있고 날씨에 제약이 없다는 장점이 있지만 속이 비거나 껍질이 두껍게 형성될 수 있으니 주의합니다. 선풍기 바람을 이용해도 좋아요. 선풍기 바람을 이용할 때는 과하게 건조되지 않도록 중간중간 만져가며 확인해주세요.

- 작업 환경 적정 온도 22~23℃
- 작업 환경 적정 습도 35~40%

컨벡션 오븐의 열풍 건조

이 책에서는 컨벡션 오븐인 스메그 오븐을 사용했습니다. 컨벡션 오븐은 바람을 이용한 열풍 건조가 가능합니다. 열풍 건조는 오븐의 낮은 온도를 이용해 코크의 표면을 말리는 방식이에요. 오븐을 50~60℃로 예열한 후 문을 열어놓은 채로 10분간 코크를 건조시킵니다. 그 후 추가적인 예열 없이 오븐의 문을 닫고 온도를 150℃로 바로 올려 12분간 구워냅니다. 50~60℃의 온도에서 서서히 온도가 올라가며 코크가 구워지는 것이지요. 이때 주의해야 할 점이 있습니다. 10분간 건조가 끝난 코크는 밖으로 꺼내면 표면이 수축되며 주름질 수 있습니다. 열풍으로 건조시킨 코크는 밖으로 꺼내지 않고 바로 구워낼 수 있도록 합니다.

STEP 5.

굽기

잘 만든 반죽만큼 중요한 것은 '어떻게 굽느냐'입니다.
이 책에서는 컨벡션 오븐(SMEG ALFA43K)을 사용했습니다. 따라서 이 책에서 작업한 모든 온도와 시간은 제가 사용한 오븐을 기준으로 데이터를 잡았지만 같은 오븐이라도 온도와 시간의 편차는 있기 마련입니다. 반드시 자신이 사용하는 오븐을 여러 번 테스트한 뒤, 자신에게 맞는 온도와 시간을 찾는 것이 가장 좋은 방법입니다.
이 책에서 제시한 온도로 구웠을 때 속이 빈다면 오븐 예열 온도를 높여가며 테스트를 해보세요. 보통 오븐 문을 열고 닫을 때 온도는 10~20℃ 정도 떨어집니다. 만약 150℃에서 12분 구웠을 때 속이 비었다면 160℃로 예열 후 150℃에서 12분, 또는 170℃로 예열 후 150℃에서 12분 구워주세요.
그래도 속이 비거나 시트에서 잘 떨어지지 않는다면 굽는 시간을 조금씩 늘리거나 마카로나주를 한 번 더 확인해주세요. 오븐에서 꺼내기 전 코크 윗면을 살짝 잡고 흔들었을 때 잘 흔들리지 않는다면 잘 익은 거예요. 만약 좌우로 많이 흔들린다면 오븐에 다시 넣어 30초 단위로 더 구운 뒤 꺼내 확인하세요. 코크 윗면에 구움색이 많이 난다면 오븐 온도를 10℃ 정도 낮추고 시간을 조금 늘려서 구워주세요. 오븐에 구워서 만드는 제품이라 구움색을 완전히 제거하기란 한계가 있지만 온도를 낮추고 시간을 늘리거나 피에의 안정기(약 7~9분) 뒤에 윗면에 알루미늄 포일을 덮어서 열을 차단하는 방법도 있습니다.

오븐 온도가 낮은 경우

- 피에가 얇고 속이 익지 않아 축축하고 끈적입니다.
- 제대로 익지 않았기 때문에 속이 비는 현상이 생길 수 있습니다.
- 윗면이 얇게 형성되어 얼룩지거나 쭈글거리기도 합니다.

오븐 온도가 적당한 경우

- 전체적으로 매끄럽고 구움색이 없으며 피에의 모양이 곧고 일정합니다.
- 내상을 확인했을 때 속이 잘 차 있고 껍질의 두께가 적당합니다.
- 가장자리는 약간 단단하고 가운데는 쫀득하며 바닥 부분은 매끄럽게 잘 떨어집니다.

오븐 온도가 높은 경우

- 코크 표면에 누런 구움색이 많이 생깁니다.
- 껍질이 두껍고 전체적인 식감이 단단하고 바삭합니다.
- 피에가 불안정하게 떠 있는 경우도 있습니다.

⓪② 기본 코크 만들기

머랭은 기본적으로 세 가지의 머랭법으로 만들 수 있습니다.
각 머랭법의 특징과 만드는 법을 소개합니다.

1. 프렌치 머랭법

프렌치 머랭은 가장 기본이 되는 머랭입니다. 실온의 달걀흰자를 실온에서 거품 내다가 설탕을 조금씩 나누어 넣으며 안정적인 기포를 만들어 완성시킵니다. '차가운 머랭'이라고도 불리며, 설탕을 넣는 시점에 따라 머랭의 질감이 달라집니다. 프렌치 머랭은 세 가지 머랭 중 작업 공정이 가장 간단하지만 꺼지기 쉽고 예민하기 때문에 작업 시 주의를 기울여야 합니다.
프렌치 머랭의 완성 상태는 거품기를 들어 올렸을 때 날 끝의 머랭이 뾰족하게 서는 정도인 80% 상태가 좋습니다. 머랭의 뿔이 힘없이 늘어지는 경우는 조금 더 휘핑하여 머랭을 완성합니다.

INGREDIENTS (20~25개 분량)

달걀흰자 112g
설탕 96g
아몬드파우더 150g
슈거파우더 135g

PREPARATION

- 가루는 합쳐서 체 칩니다.
- 오븐은 160℃로 예열합니다.

❶ 머랭 올리기

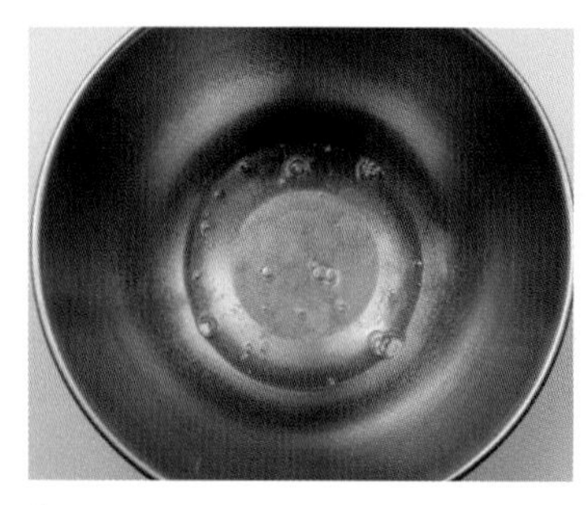

1
깨끗한 볼에 달걀흰자를 담아주세요.

2
핸드믹서 중속으로 하얀 거품이 풍성해질 때까지 휘핑합니다.

3
거품이 풍성해지면 설탕의 1/3을 넣어 중속으로 계속 휘핑합니다.

4
거품의 결이 고와지고 휘퍼날 자국이 희미하게 보이면 남은 설탕의 1/2을 넣어 계속 중속으로 휘핑해주세요.

5
휘퍼날 자국이 선명해지고 휘퍼날 자국의 볼륨이 생기면 나머지 설탕을 모두 넣고 휘핑합니다.

6
휘퍼날 주변으로 올록볼록한 머랭 산이 올라오기 시작합니다.

7
휘퍼날로 머랭을 찍어 들어 올렸을 때 탄력 있고 뾰족한 머랭뿔이 만들어지는지 확인합니다. 머랭에 힘이 없고 축 처진다면 조금 더 휘핑해주세요.

8
머랭이 완성되면 색소를 넣은 후 핸드믹서를 저속으로 하여 1~2분간 기포 정리 후 마무리합니다.

❷ 마카로나주하기

9
완성된 머랭에 아몬드파우더와 슈거파우더를 넣어주세요.

10
주걱으로 가볍게 자르듯이 섞어주세요.

11
날가루가 보이지 않으면 반죽을 정리하며 볼의 가운데로 모아줍니다.

12
볼 벽면을 이용해 반죽을 넓게 펼치듯 눌러가며 마카로나주를 합니다.

13
펼쳐진 반죽은 다시 정리해 가운데로 모아주세요. 이 과정을 여러 번 반복합니다.

14
반죽에 전체적으로 윤기가 나면 반죽을 한곳으로 모은 다음 주걱으로 들어 올려 농도를 확인합니다.

15
반죽을 떨어뜨렸을 때 반죽이 천천히 떨어지며 떨어진 자국이 15초 정도 유지된 후 서서히 사라지면 반죽을 마무리합니다.

16
반죽을 깍지를 끼운 짤주머니에 담아주세요.

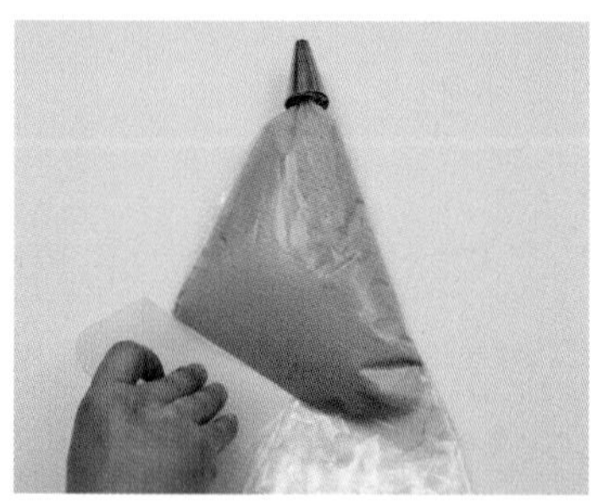

17
스크래퍼로 밀어 공기를 밖으로 빼냅니다.

❸ 팬닝하기

18
오븐팬에 패턴지와 테프론시트를 깔고 일정한 크기로 반죽을 팬닝합니다. 이때 짤주머니의 수직과 수평을 유지한 채 바닥에서 0.3~0.5cm 위에서 팬닝합니다.

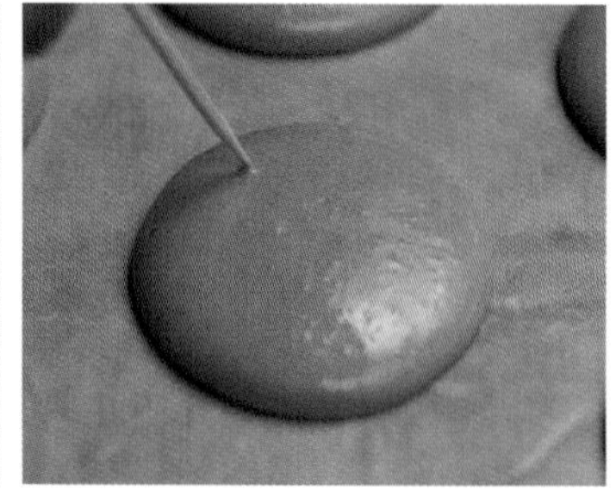

19
테프론시트 밑의 패턴지를 빼낸 다음 오븐팬 바닥을 손바닥으로 가볍게 두드려 기포를 빼내고 표면의 기포를 이쑤시개로 정리합니다.

❹ 건조시키기

20
팬닝을 마친 코크는 상온에서 30분~1시간 건조시킵니다.

21
윗면을 손으로 만져보았을 때 반죽이 묻어나지 않으면 건조는 마무리합니다.

❺ 굽기

22
160℃로 예열된 오븐에 넣고 150℃로 12분 구워주세요. 다 구운 후 시트째로 식힘망에 옮기고 완전히 식으면 시트에서 떼어냅니다.

2.

이탈리안 머랭법

이탈리안 머랭은 달걀흰자를 휘핑하는 도중에 설탕시럽을 넣어 휘핑하는 따뜻한 머랭입니다. 거품을 충분히 낸 흰자에 118~120℃까지 온도를 올린 설탕시럽을 조금씩 넣어가며 휘핑한 것으로 달걀흰자 중 일부가 열 응고를 일으켜서 기포가 매우 단단한 편입니다. 이 머랭은 안정성이 좋아 모양깍지로 짠 다음 토치로 그을리거나 케이크의 장식으로 사용하기도 합니다. 냉장실에서 2일 정도 보관하여 사용할 수 있습니다. 완성된 머랭은 들어 올려 살살 흔들면 머랭의 끝이 살짝 휘어지며 살랑살랑 흔들릴 정도로 탄력이 좋습니다.

INGREDIENTS (20~25개 분량)

물 30g
설탕 69g
달걀흰자 A 45g
아몬드파우더 125g
슈거파우더 125g
달걀흰자 B 45g

PREPARATION

- 가루는 합쳐서 체 칩니다.
- 오븐은 160℃로 예열합니다.

❶ 페이스트 만들기

1
아몬드파우더와 슈거파우더를 체 쳐서 볼에 담아주세요.

2
주걱으로 골고루 섞어주세요.

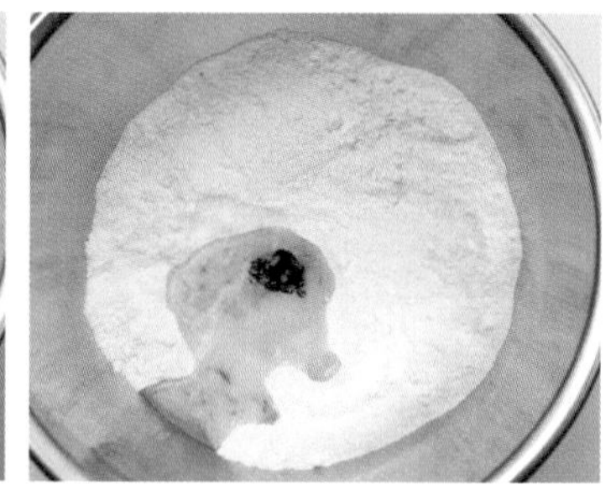

3
2에 달걀흰자 B를 넣고 색소를 추가한 다음 주걱으로 섞어주세요.

4
가루가 보이지 않을 때까지 살살 섞어주세요.

5
한 덩어리로 만든 후 랩핑해둡니다.

❷ 머랭 올리기

6

냄비에 물과 설탕을 넣고 중불에 올려 끓여주세요. 이때 시럽을 젓지 않습니다.

7

시럽의 온도가 100℃가 되면 믹싱 볼에 달걀흰자 A를 담고 핸드믹서를 중속으로 하여 휘핑합니다.

Tip 시럽을 끓이는 타이밍과 흰자에 거품을 내는 타이밍이 맞지 않으면 버터크림에서 물이 나오거나 볼륨이 꺼질 수 있어요. 시럽의 온도가 100℃ 정도 되었을 때 중속으로 머랭의 거품을 올리기 시작해주세요.

8

시럽의 온도가 118℃가 되면 불에서 내려주세요.

9

7의 볼에 시럽을 볼 안쪽으로 흘리듯 부으며 고속으로 휘핑합니다. 완성된 시럽을 넣을 땐 시럽이 날에 닿아 튀지 않도록 주의합니다.

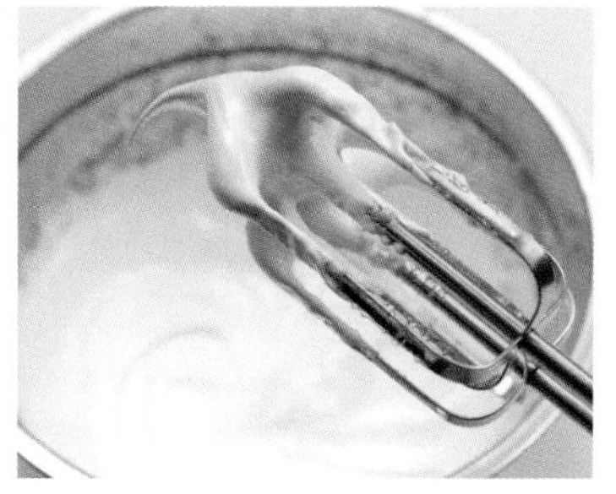

10

온도가 40℃ 이하로 식고 새부리 모양으로 살짝 휘어지는 모양의 탄력 있는 머랭으로 완성합니다. 저속 1단으로 기포 정리 후 마무리해주세요.

❸ 마카로나주하기

11
완성된 **5**의 페이스트에 머랭의 1/3을 넣고 섞어주세요.

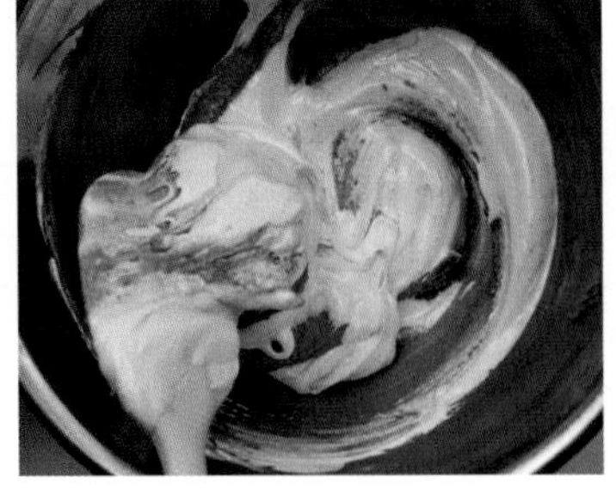

12
머랭이 보이지 않을 정도까지 잘 섞은 후 나머지 머랭을 모두 넣어 섞어주세요. 페이스트가 빽빽하므로 힘주어 섞습니다.

13
볼 벽면을 이용해 누르듯 넓게 펼치며 다시 모으는 마카로나주를 반복해주세요.

14
반죽에 전체적으로 윤기가 나면 반죽을 한곳으로 모은 다음 주걱으로 들어 올려 농도를 확인합니다.

15
반죽을 떨어뜨렸을 때 반죽이 천천히 떨어지며 떨어진 자국이 15초 정도 유지된 후 서서히 사라지면 반죽을 마무리합니다.

16
반죽을 짤주머니에 담아주세요.

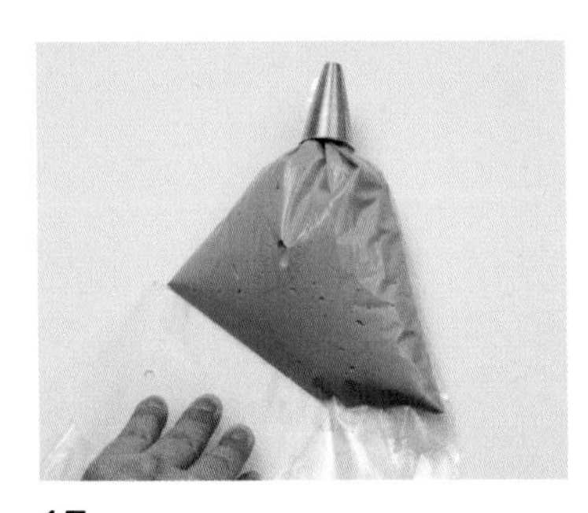

17
스크래퍼로 밀어 공기를 밖으로 빼냅니다.

❹ 팬닝하기

18
오븐팬에 패턴지와 테프론시트를 깔고 일정한 크기로 반죽을 팬닝합니다. 이때 짤주머니의 수직과 수평을 유지한 채 바닥에서 0.3~0.5cm 위에서 팬닝합니다.

19
테프론시트 밑의 패턴지를 빼낸 다음 오븐팬 바닥을 손바닥으로 가볍게 두드려 기포를 빼내고 표면의 기포를 이쑤시개로 정리합니다.

❺ 건조시키기

20
팬닝을 마친 코크는 상온에서 30~1시간 건조시킵니다. 윗면을 손으로 만져보았을 때 반죽이 묻어나지 않으면 건조는 마무리합니다.

❻ 굽기

21
160℃로 예열된 오븐에 넣고 150℃로 12분 구워주세요. 다 구운 후 시트째로 식힘망으로 옮기고 완전히 식으면 시트에서 떼어냅니다.

이탈리안 머랭 코크 성공 팁!

① 시럽을 붓기 전 흰자의 거품을 충분히 내야 합니다.
② 시럽을 빠르게 붓지 않고 졸졸 흘리듯 부어 온도를 서서히 올리도록 합니다.
③ 시럽을 부을 때 휘핑 속도는 고속으로 유지합니다.
④ 같은 오븐이라도 나에게 맞는 시간과 온도를 찾기 위한 테스트는 필수입니다.

3.

스위스 머랭법

스위스 머랭은 다른 머랭보다 설탕의 배합이 많습니다. 달걀흰자와 설탕을 약 1:1의 비율로 넣어 60℃로 중탕하여 만드는 따뜻한 머랭입니다. 중탕을 하는 이유는 배합량이 많은 설탕을 녹이기 위한 것과 기포력이 떨어지는 것을 막기 위함입니다. 스위스 머랭은 다른 머랭에 비해 부피는 작지만 입자가 매우 곱고 무거운 것이 특징입니다. 마카롱 코크보다는 머랭 쿠키에 적합한 머랭입니다. 완성된 머랭은 들어 올렸을 때 끝이 뾰족한 것보다는 부드럽게 휘어지는 정도가 적당합니다.

INGREDIENTS (20~25개 분량)

달걀흰자 112g
설탕 102g
아몬드파우더 134g
슈거파우더 140g

PREPARATION

- 가루는 합쳐서 체 칩니다.
- 오븐은 160℃로 예열합니다.

❶ 머랭 올리기

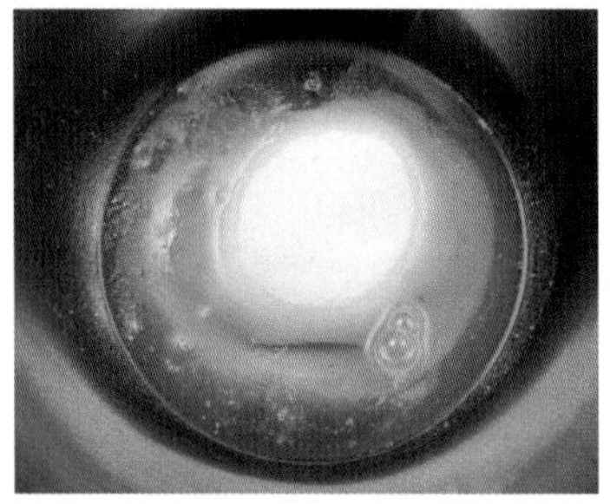

1
볼에 달걀흰자와 설탕을 넣고 끓인 물이 담긴 냄비 위에 볼을 올려 중탕합니다.

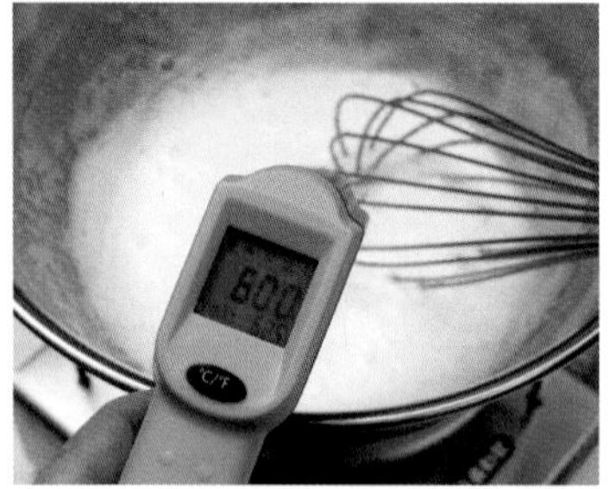

2
거품기로 저어가며 흰자를 55~60℃로 데워주세요.

3
중탕에서 내린 다음 핸드믹서를 고속으로 하여 휘핑해주세요.

4
휘퍼날 주변으로 올록볼록한 머랭산이 올라오기 시작하고 휘퍼날로 머랭을 찍어 들어 올렸을 때 탄력 있고 부드럽게 휘어지는 뿔이 만들어지는지 확인합니다. 머랭에 힘이 없고 축 처진다면 조금 더 휘핑해주세요.

5
머랭이 완성되면 색소를 넣고 핸드믹서를 저속으로 하여 1~2분간 기포 정리 후 마무리합니다.

중탕의 온도가 60℃인 이유는?

달걀흰자에 들어 있는 단백질이 변성되는 온도가 60℃입니다. 60℃가 넘었다고 해서 성질이 갑자기 변하는 것은 아니지만 너무 뜨겁게 중탕할 경우 흰자가 익어버릴 수 있으니 주의해주세요. 버터를 넣을 때도 머랭의 온도가 너무 높으면 버터가 녹을 수 있으니 머랭이 너무 뜨겁지 않은지 미리 확인해주세요.

❷ 마카로나주하기

6
완성된 머랭이 담긴 볼에 아몬드파우더와 슈거파우더를 넣어주세요.

7
주걱으로 가볍게 섞어주세요.

8
날가루가 보이지 않으면 반죽을 정리하며 볼의 가운데로 모아줍니다.

9
볼 벽면을 이용해 반죽을 누르듯 넓게 펼쳤다 다시 모으는 작업을 반복하며 마카로나주를 합니다.

10
반죽에 전체적으로 윤기가 나면 반죽을 한곳으로 모은 다음 주걱으로 들어 올려 농도를 확인합니다.

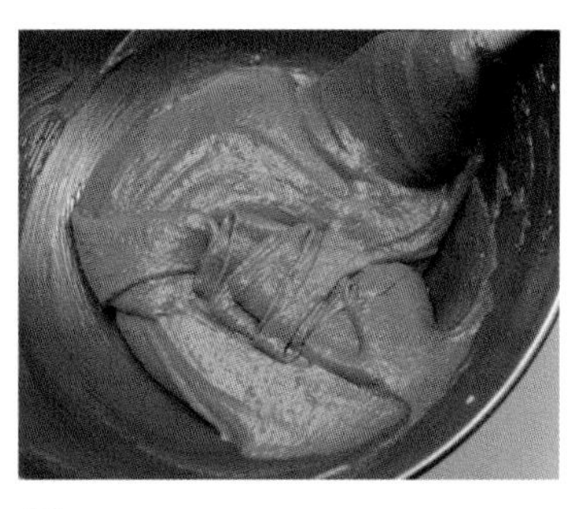

11
반죽을 떨어뜨렸을 때 반죽이 천천히 떨어지며 떨어진 자국이 15초 정도 유지된 후 서서히 사라지면 반죽을 마무리합니다.

12
반죽을 짤주머니에 담아주세요.

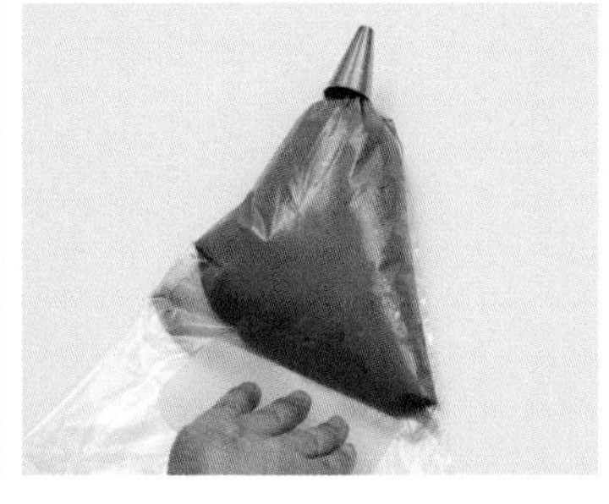

13
스크래퍼로 밀어 공기를 밖으로 빼냅니다.

❸ 팬닝하기

14
오븐팬에 패턴지와 테프론시트를 깔고 일정한 크기로 반죽을 팬닝합니다. 이때 짤주머니의 수직과 수평을 유지한 채 바닥에서 0.3~0.5cm 위에서 팬닝합니다.

15
테프론시트 밑의 패턴지를 빼낸 다음 오븐팬 바닥을 손바닥으로 가볍게 두드려 기포를 빼내고 표면의 기포를 이쑤시개로 정리합니다.

❹ 건조시키기

16
팬닝을 마친 코크는 상온에서 30분~1시간 건조시킵니다. 윗면을 손으로 만져보았을 때 반죽이 묻어나지 않으면 건조는 마무리합니다.

❺ 굽기

17
160℃로 예열된 오븐에 넣고 150℃로 12분 구워주세요. 다 구운 후 시트째로 식힘망으로 옮기고 완전히 식으면 시트에서 떼어냅니다.

4.

코크 대량 생산
(프렌치 머랭법)

스탠드 믹서를 이용하면 업장에서 많은 양의 코크를 한 번에 만들기에 매우 유용합니다. 핸드믹서를 이용하는 것보다 한 번에 대량을 손쉽게 할 수 있다는 장점이 있지만 자칫 실패할 경우 많은 양의 재료를 버리게 된다는 단점이 있으니 코크 만드는 연습을 충분히 한 후 시도해보세요. 이 책에서는 SMF02PB 스탠드 믹서를 사용했습니다.

INGREDIENTS (75~80개 분량)

달걀흰자 336g

설탕 288g

아몬드파우더 450g

슈거파우더 405g

PREPARATION

- 가루는 합쳐서 체 칩니다.
- 오븐은 160℃로 예열합니다.

❶ 머랭 올리기

1
믹싱볼에 달걀흰자를 넣고 중속으로 휘핑하여 거품을 풍성하게 올려 주세요.

2
믹싱볼 바닥이 보이지 않을 정도로 거품이 올라오면 설탕의 1/3을 넣고 중고속으로 휘핑합니다.

3
휘퍼 자국이 희미하게 올라오면 남은 설탕의 1/2을 넣고 중고속으로 계속 휘핑합니다.

4
휘퍼 자국이 선명해지면 나머지 설탕을 다 넣고 중고속으로 계속 휘핑합니다.

5
머랭에 전체적으로 윤기가 나고 휘퍼날 주변으로 몽글몽글 뭉쳐지기 시작하면 휘퍼날을 들어 올려 탄력 있고 힘 있는 머랭이 완성되었는지 확인합니다.

6
머랭이 완성되면 색소를 조금씩 넣으며 조색을 합니다.

7
저속으로 휘핑하며 결을 정리해주세요.

❷ 마카로나주하기

8
합쳐놓은 가루의 1/2을 넣고 저속으로 가루와 머랭을 섞어주세요.

9
믹서를 멈추고 휘퍼날을 들어 올려 날 안에 가두어진 반죽을 주걱으로 끌어내립니다.

10
나머지 가루를 전부 넣고 가루와 머랭을 저속으로 천천히 섞어주세요.

11
다시 한 번 날 안에 가두어진 반죽을 주걱으로 끌어내립니다.

12
반죽에 전체적으로 윤기가 나고 자연스럽게 흘러내리면 마무리합니다.

13
주걱으로 반죽을 정리해주세요.

14
반죽을 짤주머니에 담아주세요.

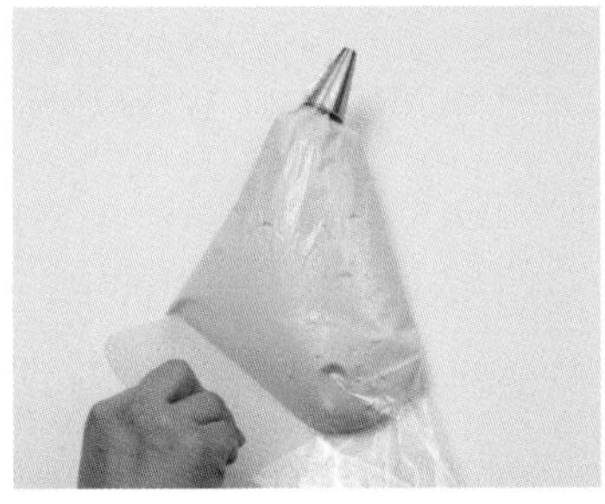

15
스크래퍼로 짤주머니를 밀어 공기를 밖으로 빼냅니다.

❸ 팬닝하기

16
오븐팬에 패턴지와 테프론시트를 깔고 일정한 크기로 반죽을 팬닝합니다. 이때 짤주머니의 수직과 수평을 유지한 채 바닥에서 0.3~0.5cm 위에서 팬닝합니다.

17
테프론시트 밑의 패턴지를 빼낸 다음 오븐팬 바닥을 손바닥으로 가볍게 두드려 기포를 빼내고 표면의 기포를 이쑤시개로 정리합니다.

❹ 건조시키기

18
팬닝을 마친 코크는 상온에서 30분~1시간 건조시킵니다.

19
윗면을 손으로 만져보았을 때 반죽이 묻어나지 않는다면 건조는 마무리합니다.

❺ 굽기

20
160℃로 예열된 오븐에 넣고 150℃로 12분 구워주세요. 다 구운 후 시트째로 식힘망으로 옮기고 완전히 식으면 시트에서 떼어냅니다.

머랭 작업 시 주의하세요!

○ 각각의 제조법을 잘 지켜주세요. 프렌치 머랭은 작업 시 고속으로 믹싱을 오래하면 오버 믹싱되어 기포가 커지고 거친 머랭이 만들어집니다. 스위스 머랭은 열을 너무 많이 가하면 흰자의 단백질이 변성되어 흰자가 익어버릴 수 있으니 주의해주세요.

○ 이탈리안 머랭 작업 시 시럽을 흘려 넣지 않으면 시럽이 믹싱볼에 튀는데 이것이 시간이 흐르면서 굳어 작은 알갱이로 변합니다. 휘핑 도중에 이 알갱이들이 믹싱볼 안으로 들어가지 않도록 주의해주세요. 그렇지 않으면 알갱이들이 머랭 속으로 들어가 크림으로 만들어졌을 때 입안에서 씹혀 식감이 나빠집니다.

○ 머랭은 기본적으로 흰자와 설탕을 이용해 거품을 내는 것으로 설탕을 충분히 녹이면서 휘핑하는 것이 중요합니다. 작업 시 설탕의 사용량이나 사용방법을 제대로 지키는 것이 중요하므로 머랭을 서둘러 올리려고 하기보다 설탕을 조금씩 나누어 넣어가며 충분히 녹이면서 거품을 낼 수 있도록 해주세요.

○ 신선한 달걀과 깨끗한 도구를 사용해주세요. 계란을 사용할 때는 3일 정도 숙성된 흰자를 사용하되 신선한 계란을 사용해야 합니다. 노른자가 섞이지 않도록 잘 분리하여 사용하는 것도 중요합니다. 또 유지 성분이 믹싱볼이나 휘퍼날에 남아 있으면 흰자의 기포성을 방해하기 때문에 용기나 도구 등에 유지 성분이 남아 있지 않도록 깨끗하게 닦아 사용합니다.

○ 힘 있는 머랭을 위해 산 성분을 추가하기도 합니다. 머랭은 만들고 난 후 시간이 지나면 기포가 꺼집니다. 경우에 따라서는 머랭의 기포가 빨리 꺼지는 성질을 감안해 공정 중 산 성분을 추가하기도 합니다. 프렌치 머랭에는 레몬즙, 스위스 머랭이나 이탈리안 머랭에는 주석산을 첨가함으로써 흰자의 단백질을 경화시켜 힘 있는 머랭을 만듭니다. 산 성분이 아닌 난백가루를 첨가하기도 합니다. 난백가루 사용 시 흰자 분량의 1% 정도를 넣어주세요.

○ 머랭이 지나치게 휘핑되지 않도록 주의합니다. '튼튼한 머랭'은 휘퍼로 머랭을 떠 보았을 때 주르륵 흐르지 않고 휘퍼에 머랭이 뾰족하게 서 있으며 윤기가 나는 상태를 말합니다. 휘핑이 지나치면 윤기가 없고 푸석푸석해 제품에 좋지 않은 결과를 가져오므로 지나치게 휘핑되지 않도록 주의해주세요. 마카롱 작업에 사용하기 적당한 머랭은 70~80% 정도의 조밀하고 탄력 있는 머랭입니다.

⓪③ 코크 응용법

색소나 반죽을 이용하면 코크에 다양한 느낌의 무늬를 표현할 수 있어요. 여러 가지 기법들을 응용해 분위기에 따라 코크를 표현해보세요. 귀엽게, 사랑스럽게, 때로는 화려하게도 표현이 가능하답니다.

1.

마블 1 : 반반 넣기

두 개의 짤주머니를 이용해 만드는 마블 기법입니다. 기존의 한 가지 컬러의 코크와 달리 화려한 색감을 표현할 수 있습니다. 다양한 색을 사용해 나만의 마블 코크를 만들어보세요.

1
핸드믹서로 머랭을 올려주세요. 머랭이 완성되면 저속으로 1~2분간 휘핑하며 기포를 정리하여 머랭을 완성합니다.

2
1에 아몬드파우더와 슈거파우더를 넣고 날가루가 보이지 않을 정도로만 가볍게 섞어주세요.

3
가볍게 섞은 반죽을 2개의 볼에 나누어 담아주세요.

4
각 반죽을 조색하고 마카로나주합니다. 반죽의 양이 적어질 경우 마카로나주에 주의해주세요.

Tip 반죽의 양이 적어지면 평소와 같은 횟수로 마카로나주를 하게 될 경우 반죽이 금세 완성될 수 있습니다. 상태를 봐가며 적절히 횟수를 줄여 마카로나주합니다.

5
깍지를 끼우지 않은 짤주머니(14인치) 2개에 반죽을 각각 담아주세요.

6
804번 깍지를 끼운 짤주머니(18인치)에 2개의 짤주머니를 잘 겹쳐 넣어주세요.

7
2개의 짤주머니의 끝을 깍지 밖으로 꺼내줍니다.

8
가위로 끝을 잘라 안으로 살짝 밀어 넣은 다음 짤주머니의 수직과 수평을 유지한 채 바닥에서 0.3~0.5cm 위에서 팬닝해주세요.

Tip 짤주머니를 살살 돌리며 팬닝하면 색다른 무늬를 만들 수 있습니다.

9
테프론시트 밑의 패턴지를 빼내고 팬과 시트를 잘 잡은 채 오븐팬 바닥을 손바닥으로 가볍게 두드려 기포를 빼냅니다.

10
윗면의 기포 자국을 이쑤시개로 정리하고 실온에서 30분~1시간 건조시킵니다.

11
160℃로 예열된 오븐에 넣고 150℃로 12분 구워주세요. 다 구워지면 식힘망에 올려 식힌 후 시트에서 떼어냅니다.

2.

마블 2 : 번갈아 넣기

짤주머니 하나에 두 가지, 또는 여러 가지 컬러의 반죽을 번갈아 넣는 마블 기법은 자연스럽게 그러데이션되며 나타나는 색감이 매력적입니다. 수채화 물감을 풀어놓은 듯한 자연스러운 마블을 좋아한다면 꼭 연습해보세요.

1
핸드믹서로 머랭을 올려주세요. 머랭이 완성되면 저속으로 1~2분간 휘핑하며 기포를 정리하여 머랭을 완성합니다.

2
1에 아몬드파우더와 슈거파우더를 넣고 날가루가 보이지 않을 정도로만 가볍게 섞어주세요.

3
가볍게 섞은 반죽을 2개의 볼에 나누어 담아주세요.

4
각 반죽을 조색하고 마카로나주합니다. 반죽의 양이 적어질 경우 마카로나주에 주의하세요.

5
짤주머니에 804번 깍지를 끼워 준비합니다.

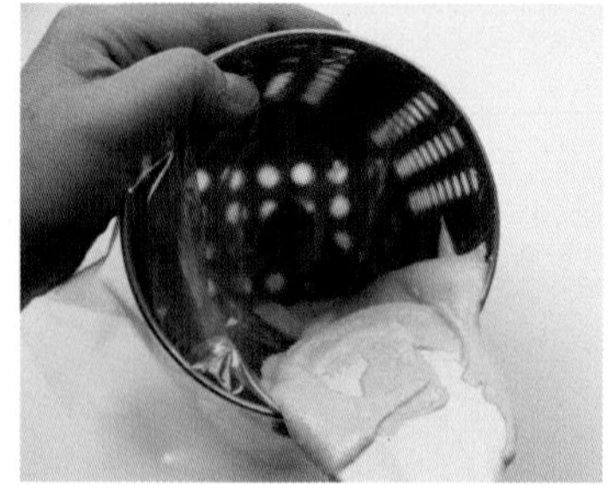

6
짤주머니를 긴 통에 걸쳐 넣고 주걱으로 첫 번째 반죽을 덜어 짤주머니의 한쪽 가장자리에 담아주세요.

7
첫 번째 반죽 옆으로 두 번째 반죽을 담아주세요.

8
스크래퍼로 짤주머니를 밀어 공기를 밖으로 빼냅니다.

9
짤주머니의 수직과 수평을 유지한 채 바닥에서 0.3~0.5cm 위에서 팬닝합니다.

10
테프론시트 밑의 패턴지를 빼내고 팬과 시트를 잘 잡은 채 오븐팬 바닥을 손바닥으로 가볍게 두드려 기포를 빼내주세요.

11
윗면의 기포 자국을 이쑤시개로 정리하고 실온에서 30분~1시간 건조시킵니다.

12
160℃로 예열된 오븐에 넣고 150℃로 12분 구워주세요. 다 구워지면 식힘망에 올려 식힌 후 시트에서 떼어냅니다.

3.

마블 3 : 색소 섞기

앞에서 소개한 두 가지 마블 기법과는 다른, 조금 더 간단하게 표현할 수 있는 마블 기법입니다. 단, 구운 후 색소가 손에 묻어날 수 있으니 주의해주세요.

1
핸드믹서로 머랭을 올려주세요. 머랭이 완성되면 저속으로 1~2분간 휘핑하며 기포를 정리하여 머랭을 완성합니다.

2
1에 아몬드파우더와 슈거파우더를 넣고 날가루가 보이지 않을 정도로만 가볍게 섞어주세요.

3
날가루가 보이지 않으면 반죽을 정리하며 볼의 가운데로 모아줍니다.

4
볼 벽면을 이용해 마카로나주를 반복하여 반죽을 완성합니다.

5
완성된 반죽에 원하는 색소 2~3가지를 간격을 두어 떨어뜨립니다.

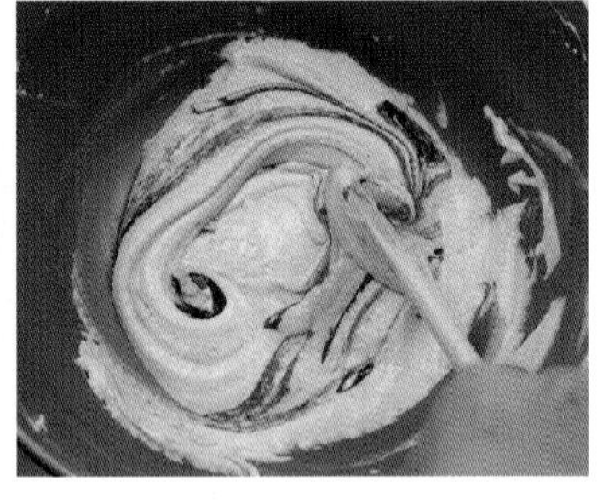

6
주걱으로 가볍게 섞어주세요.

7
804번 깍지를 끼운 짤주머니에 옮겨 담습니다.

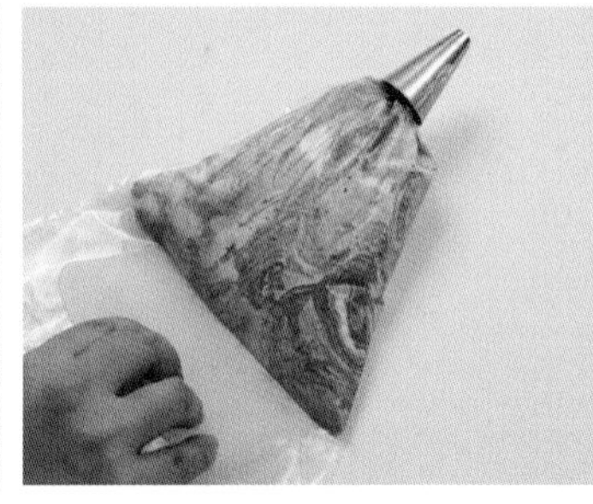

8
스크래퍼로 짤주머니를 밀어 공기를 밖으로 빼냅니다.

9
짤주머니의 수직과 수평을 유지한 채 바닥에서 0.3~0.5cm 위에서 팬닝합니다.

10

테프론시트 밑의 패턴지를 빼내고 팬과 시트를 잘 잡은 채 오븐팬 바닥을 손바닥으로 가볍게 두드려 기포를 빼내주세요.

11

윗면의 기포 자국을 이쑤시개로 정리하고 실온에서 30분~1시간 건조시킵니다.

12

160℃로 예열된 오븐에 넣고 150℃로 12분 구워주세요. 다 구워지면 식힘망에 올려 식힌 후 시트에서 떼어냅니다.

4.

도트 무늬

작은 깍지를 이용해 코크 위에 도트 무늬를 내보았습니다. 도트 무늬를 활용해 나만의 개성을 표현해보세요.

1
핸드믹서로 머랭을 올려주세요. 머랭이 완성되면 저속으로 1~2분간 휘핑하며 기포를 정리하여 머랭을 완성합니다.

2
1에 준비해둔 아몬드파우더와 슈거파우더를 넣고 날가루가 보이지 않을 정도로만 가볍게 섞어주세요.

3
가볍게 섞은 반죽을 1/3과 2/3의 양으로 나누어 2개의 볼에 담아주세요.

4
두 가지 색을 골라 각각 조색합니다. 2/3의 양이 담긴 볼에 보라색을 넣어 조색합니다.

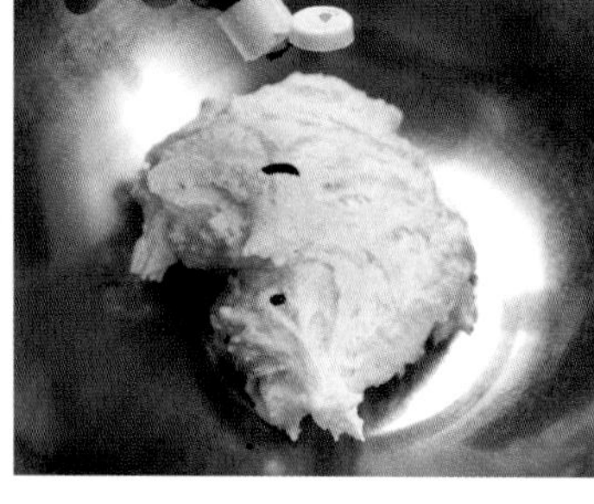

5
1/3의 양이 담긴 볼에 민트색을 넣어 조색합니다.

6
각 반죽을 마카로나주합니다. 반죽의 양이 적어질 경우 마카로나주에 주의하세요.

7
두 개의 짤주머니에 각각 801번 팁과 804번 팁을 끼워 준비합니다. 민트색 반죽을 801번 팁을 끼운 짤주머니에, 보라색 반죽을 804번 팁을 끼운 짤주머니에 담아주세요.

8
스크래퍼로 짤주머니를 밀어 공기를 밖으로 빼냅니다.

9
보라색 반죽이 담긴 짤주머니의 수직과 수평을 유지한 채 패턴지에 맞게 원으로 팬닝합니다.

10
민트색 반죽을 담은 짤주머니를 **9**의 반죽 위에 소량씩 짜면서 작은 원으로 팬닝합니다.

11
테프론시트 밑의 패턴지를 빼내고 팬과 시트를 잘 잡은 채 오븐팬 바닥을 손바닥으로 가볍게 두드려 기포를 빼냅니다.

12
윗면의 기포 자국을 이쑤시개로 정리하고 건조시킵니다.

13
160℃로 예열된 오븐에 넣고 150℃로 12분 구워주세요. 다 구워지면 식힘망에 올려 식힌 후 시트에서 떼어냅니다.

5.

하트 무늬

도트 무늬를 조금만 변형하면 사랑스러운 하트 무늬로 만들 수 있습니다. 특별한 날에는 사랑스러운 하트가 새겨진 하트 무늬 쿠키로 사랑을 선물하세요.

1
핸드믹서로 머랭을 올려주세요. 머랭이 완성되면 저속으로 1~2분간 휘핑하며 기포를 정리하여 머랭을 완성합니다.

2
1에 아몬드파우더와 슈거파우더를 넣고 날가루가 보이지 않을 정도로만 가볍게 섞어주세요

3
가볍게 섞은 반죽을 2/3과 1/3의 양으로 나누어 2개의 볼에 담아주세요.

4
2/3의 양이 담긴 볼에 갈색 색소를 넣어 조색합니다.

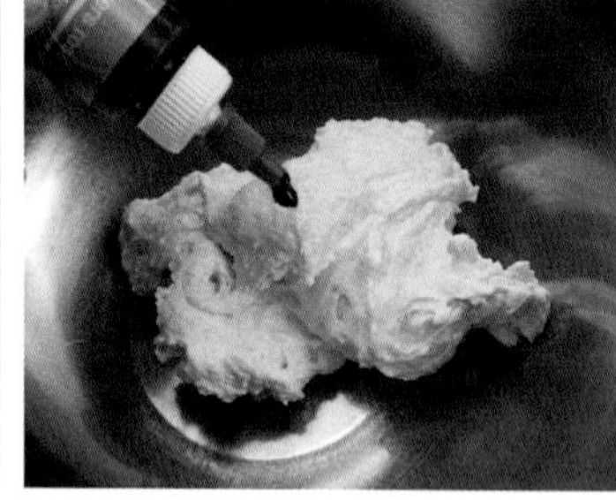

5
1/3의 양이 담긴 볼에 분홍색 색소를 넣어 조색합니다.

6
각 반죽을 마카로나주합니다. 반죽의 양이 적어질 경우 마카로나주에 주의하세요.

7

804번 깍지와 0.2cm 깍지를 끼운 짤주머니를 준비합니다. 804번 깍지를 끼운 짤주머니에 갈색 반죽을, 0.2cm 깍지를 끼운 짤주머니에 분홍색 반죽을 담아주세요.

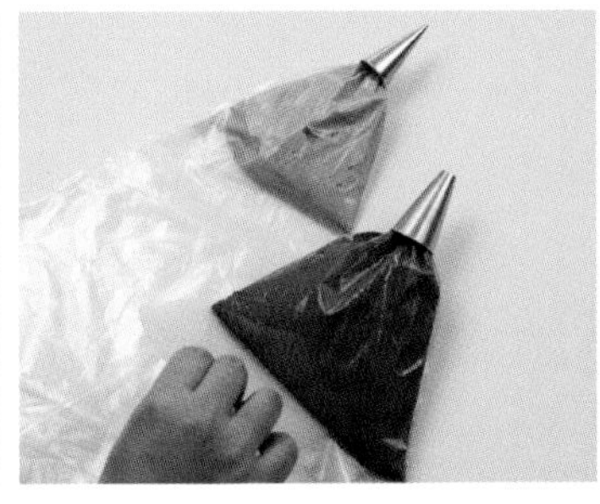

8

스크래퍼로 짤주머니를 밀어 공기를 밖으로 빼냅니다.

9

갈색 반죽을 담은 짤주머니의 수직과 수평을 유지한 채 패턴지에 맞게 원으로 팬닝합니다.

10

0.2cm 깍지를 끼운 짤주머니를 **9**의 반죽 위에 밀착시켜 점점이 찍듯 작은 원으로 팬닝합니다.

11

테프론시트 밑의 패턴지를 빼내고 팬과 시트를 잘 잡은 채 오븐팬 바닥을 손바닥으로 가볍게 두드려 기포를 빼내주세요.

12

이쑤시개로 작은 원의 위쪽에서부터 아래로 한 번에 그어 하트 무늬를 만들어주세요.

13

윗면의 기포 자국을 이쑤시개로 정리하고 건조시킵니다.

14

160℃로 예열된 오븐에 넣고 150℃로 12분 구워주세요. 다 구워지면 식힘망에 올려 식힌 후 시트에서 떼어냅니다.

④ 코크 Q&A

마카롱은 제과 품목 중에서도 난이도가 있는 제품 중 하나입니다.
오랜 시간 수업을 진행하면서 학생들에게서 가장 많이 받았던 질문들과
자주 나타나는 현상들을 위주로 실패원인과 해결방법들을 정리해보았어요.
실패의 원인은 매우 다양합니다. 차근차근 연습하며 용기를 가지시면
훌륭한 마카롱을 완성할 수 있을 거예요.

Q.
잘 만들어진 코크란 무엇인가요?

A.
첫 번째. 코크가 전체적으로 볼륨감이 있고 윗면이 매끈하며 동그란 형태를 띠고 있습니다.
두 번째. 구워진 코크를 반으로 잘랐을 때 껍질의 두께가 적당하고 겉은 바삭하며 안쪽의 반죽은 촉촉함을 유지하고 있습니다.
세 번째. 코크의 속은 비지 않고 꽉 차 있습니다. 머랭과 마카로나주, 오븐 온도, 굽는 시간이 모두 적당했는데도 간혹 윗면이 조금 비는 경우가 있는데, 이는 숙성 과정에서 필링의 수분이 코크로 이동하며 채워지기도 합니다.
네 번째. 피에가 일직선으로 곧게 부풀어 오르고 옆으로 퍼지지 않는 프릴이 형성됩니다.

Q.
코크 속이 비었어요.

A.
코크 속이 비는 원인으로 다양한 경우를 생각해볼 수 있습니다.

① 머랭을 과하게 올렸거나 덜 올렸을 경우
머랭을 과하게 올리면 기포가 많아진 코크가 빠르게 부풀면서 상대적으로 안의 반죽이 부풀어 오르는 속도를 따라오지 못해 속이 비어버립니다. 반대로 머랭을 덜 올려 힘이 부족한 경우에는 코크가 부풀어 오르는 힘도 약해지기 때문에 위까지 부풀지 못하고 쉽게 꺼지며 속이 비게 됩니다. 머랭은 80% 정도의 조밀하고 쫀쫀한 상태가 가장 좋습니다.

② 마카로나주가 부족하거나 과한 경우
마카로나주를 덜했을 경우 반죽에 아직 힘이 남아 있어 코크가 과도하게 부풀어 오르다가 사그라드는 현상으로 인해 속이 비게 됩니다. 마카로나주를 과다하게 한 경우에도 코크 속 반죽 대부분이 사그라져 속이 텅텅 빈 코크가 만들어질 수 있으므로 적절한 반죽의 상태를 익히는 것이 중요합니다.

③ 오븐의 온도가 높거나 낮은 경우
오븐의 온도가 적정 온도보다 높은 경우에는 높은 온도로 인해 겉반죽이 과도하게 부풀어 올랐다가 다시 내려가지 못한 채 그대로 구워져 속이 비게 됩니다. 위가 조금 비었을 땐 오븐의 온도를 조금만 더 높여 구워보세요.
반대로 오븐의 온도가 너무 낮은 경우엔 코크의 윗면이 갈라지거나 터질 수 있습니다. 낮은

온도에서 서서히 익으면서 건조된 윗면으로 속반죽이 터져나오기 때문이에요. 이와 함께 시트에서도 깨끗하게 떨어지지 않을 수 있습니다. 충분한 예열과 함께 적절한 온도에서 구워주세요.

④ 건조를 많이 했거나 건조가 부족한 경우

코크를 지나치게 많이 건조시키면 껍질이 두꺼워질 뿐만 아니라 속반죽까지 건조되어 부풀어 오르는 머랭의 힘이 사라지기 때문에 속이 비게 됩니다. 반대로 건조 시간이 부족한 경우에도 코크 속의 열이 쉽게 밖으로 빠져나가 제대로 부풀지 못하고 속이 비어버립니다.

⑤ 아몬드파우더에 유분이 많거나 입자가 굵은 경우

아몬드파우더에 유분이 많으면 유분으로 인해 머랭이 쉽게 꺼지고, 입자가 굵으면 반죽이 무거워지기 때문에 제대로 부풀지 못해 속이 비게 됩니다.

⑥ 재료의 보관 상태가 좋지 않은 경우

아몬드파우더와 슈거파우더는 보관이 잘못되거나 오래된 경우 표면이 거칠어지거나 기름이 질 수 있고 쉽게 습기가 생겨 속이 비는 현상이 생길 수 있어요. 재료를 개봉한 후에는 반드시 밀봉하여 서늘한 곳에 보관해주세요.

⑦ 흰자에 설탕이 충분히 녹지 못한 채 머랭이 완성된 경우

흰자에 설탕을 한 번에 많이 넣으면 흰자에 설탕이 충분히 용해되지 못한 채 머랭이 완성되며 머랭에서 설탕이 분리되어 반죽이 힘없이 가라앉아 속이 비게 됩니다. 설탕은 여러 번에 나눠 넣어 완전히 녹여주세요.

⑧ 굽는 시간이 부족한 경우

굽는 시간이 부족하면 미처 다 익지 못한 반죽이 가라앉으면서 속이 비게 됩니다. 자신의 환경과 오븐에 맞게 굽는 시간을 조절해주세요.

⑨ 머랭의 입자가 거칠고 기공이 큰 경우

머랭의 입자가 거칠고 기공이 크게 완성되면 구웠을 때 윗면이 깨지기 쉬운 상태가 되어 커다란 구멍이 생깁니다. 이를 방지하기 위해서는 마지막 단계에서 핸드믹서를 저속으로 조절하여 기공 정리를 꼭 해주세요.

Q.

코크에 뾰족하게 뿔이 생겼어요.

A.

반죽을 짠 후에도 자연스럽게 퍼지지 않고 표면에 뾰족하게 뿔이 남는 것은 마카로나주가 부족해 나타나는 현상이에요. 이런 경우 구운 후에도 자국은 사라지지 않고 그대로 남기 때문에 마카로나주를 조금 더 진행한 후 다시 짜는 것이 좋습니다.

Q.
코크의 윗면이
터지듯 갈라져요.

A.
코크의 윗면이 터지듯 갈라지는 원인에는 여러 가지가 있습니다.

① 건조가 부족한 경우
코크가 충분히 건조되지 않아 껍질이 형성되지 못한 경우 속에 있는 반죽이 부풀어 오르면서 위로 솟아올라 윗면이 터질 수 있습니다. 반죽의 상태를 살피며 건조를 진행해주세요.

② 오븐의 온도가 너무 높은 경우
건조가 잘 되었는데도 윗면이 갈라진다면 오븐 온도가 높기 때문일 수 있어요. 온도를 조금 낮추거나, 온도 조절이 힘들다면 오븐팬을 아래에 한 장 더 덧대어 굽는 방법도 있습니다.

③ 마카로나주가 부족한 경우
마카로나주가 부족한 경우, 아직 힘이 남아 있는 머랭이 표면을 뚫고 나오면서 윗면이 갈라질 수 있습니다. 마카로나주를 조금 더 진행하여 전체적으로 윤기가 돌고 힘이 적당히 남아 있는 반죽으로 완성해주세요.

Q.
코크의 윗면에
물결 같은
주름이 생겼어요.

A.
코크의 윗면에 주름이 생기는 원인에는 여러 가지가 있습니다.

① 마카로나주를 많이 한 경우
마카로나주를 많이 진행하면 반죽 속의 수분이 과도하게 빠져나오면서 표면이 얇아집니다. 이때 오븐 안의 증기로 인해 주름이 생길 수 있습니다.

② 건조가 부족한 경우
실내 습도가 높거나 건조가 충분히 되지 않았을 때, 또는 코크의 유·수분량이 많은 경우에도 껍질이 얇게 형성되어 주름이 생길 수 있어요. 건조는 손에 반죽이 묻어나지 않고 겉면에 윤기가 사라지며 속반죽은 물컹함이 살아 있고 테두리에 살짝 단단함이 느껴질 때까지 합니다.

③ 머랭을 덜 올린 경우
머랭을 덜 올린 경우에도 반죽을 부풀리는 힘이 약해져 표면에 주름이 생길 수 있습니다.

Q.
코크 윗면에
기포가 많고
울퉁불퉁해요

A.
마카로나주를 많이 하면 반죽 속 머랭의 기포가 과하게 사그라들면서 터진 기포들이 반죽 위로 올라오게 됩니다. 이런 경우 평소보다 마카로나주 횟수를 줄이고 이쑤시개를 이용해 표면을 정리해주세요.

Q.

오랜 시간이 지나도 건조가 되지 않아요.

A.

마카로나주를 많이 하여 반죽이 질어지면 오랜 시간 건조시켜도 잘 마르지 않습니다. 반죽을 한곳에 모아 주걱으로 들어 올렸을 때 끊어지지 않고 천천히 떨어지며 떨어진 반죽이 자국을 남기며 서서히 퍼지는 상태가 될 때까지 마카로나주를 진행해야 합니다. 실내 습도가 높아도 건조가 잘 되지 않을 수 있으므로 실내 습도는 35~40%를 유지해주세요.

Q.

코크의 윗면이나 바닥에 구움색이 나요.

A.

코크의 윗면이나 바닥에 구움색이 나는 원인으로 여러 가지가 있습니다.

① 오븐의 온도가 너무 높은 경우

오븐의 온도가 높아 구움색이 난 경우에는 코크의 식감도 전체적으로 단단해질 수 있어요. 오븐 온도를 낮추거나, 열선이라면 위·아래에 오븐팬을 덧대어 온도를 조절하는 방법이 있습니다.

② 머랭 속 설탕의 캐러멜화

머랭을 올릴 때 설탕의 입자가 미처 다 녹지 못한 채 오븐 안에서 열과 반응하며 캐러멜화되어 구움색이 날 수 있습니다. 머랭을 올릴 땐 설탕이 완벽하게 머랭 속에 용해될 수 있도록 하는 것이 중요합니다.

③ 천연가루를 사용한 경우

코크에 천연가루를 첨가한 경우에도 구움색이 날 수 있습니다. 이때는 들어가는 천연가루의 양을 조절하도록 합니다.

Q.

코크가 한쪽으로 기울어져요.

A.

코크가 한쪽으로 기울어지는 원인으로 여러 가지가 있습니다.

① 신선하지 않은 아몬드파우더를 사용한 경우

오래된 아몬드파우더를 사용하면 아몬드의 유분이 배어나오면서 반죽이 안정적으로 만들어지지 못해 코크가 한쪽으로 기울어질 수 있습니다. 아몬드파우더는 항상 신선한 것을 사용해주세요.

② 건조가 골고루 되지 않은 경우

선풍기나 열풍을 이용해 건조할 경우 한쪽만 건조될 수 있습니다. 전체적으로 균일하게 건조시킬 수 있도록 합니다. 선풍기로 건조할 경우 중간중간 오븐팬을 돌려줍니다.

③ 오븐의 열이 균일하게 전달되지 않은 경우

오븐 내부의 열이 한쪽으로만 전달되고 균일하게 전달되지 않은 경우에도 코크가 기울어집니다. 코크의 안정기가 지난 뒤 팬을 돌려 골고루 익혀주는 것도 좋은 방법입니다.

Q.
피에가 나오지 않아요

A.
피에가 나오지 않는 원인으로는 다음의 경우가 있습니다.

① 코크를 지나치게 건조시킨 경우

건조를 과하게 하면 코크의 속반죽까지 건조되어 피에가 나오지 않습니다. 지나치게 건조된 코크는 식감도 단단해질 수 있으므로 건조 상태를 파악하여 구워주세요.

② 반죽이 묽은 경우

반죽이 묽은 경우에도 피에가 나오지 않습니다. 반죽이 묽어지는 원인으로는 숙성되지 않은 흰자를 사용한 경우, 머랭을 덜 올린 경우, 리퀴드 타입의 색소를 많이 사용한 경우, 마카로나주를 많이 한 경우 등이 있습니다. 다시 점검해주세요.

③ 오븐의 온도가 낮은 경우

오븐의 온도가 낮으면 피에가 형성되기 전에 전체적으로 구워지면서 피에가 나오지 않을 수 있습니다. 이런 경우는 온도를 10℃ 정도 높여 구워주세요.

Q.
피에가 옆으로 퍼져요.

A.
피에가 옆으로 퍼지는 원인으로는 다음의 경우가 있습니다.

① 머랭을 과하게 올린 경우

머랭을 과하게 올리면 구울 때 힘 있게 부풀었다가 주저앉으면서 피에가 옆으로 퍼지게 됩니다. 머랭을 과하게 올리지 않도록 주의해주세요.

② 마카로나주를 과하게 한 경우

마카로나주를 많이 하면 반죽의 수분이 많이 생기고, 수분이 많이 생기면 반죽이 무거워지면서 피에가 옆으로 퍼지게 됩니다. 마카로나주 횟수를 줄여 반죽이 퍼지지 않도록 해주세요.

③ 실내 온도가 높은 경우

실내 온도가 높은 경우에도 피에가 옆으로 퍼질 수 있습니다. 작업실 온도는 22~23℃를 유지하고 최대 26℃를 넘지 않도록 해주세요.

Q.

코크 윗면에
얼룩이 생겨요.

A.

코크 윗면에 얼룩이 생기는 원인은 다음과 같습니다.

① 신선하지 않은 아몬드파우더를 사용한 경우

아몬드파우더가 신선하지 않거나 보관을 잘못하면 가루에서 유분이 배어나와 코크에 유분이 생겨 얼룩이 나타날 수 있어요.

② 마카로나주를 지나치게 한 경우

마카로나주를 많이 하면 반죽 내에 유분이 배어나오고 코크의 표면도 얇게 형성되며 얼룩이나 주름이 생길 수 있습니다. 마카로나주를 지나치게 많이 하지 않도록 주의합니다.

Q.

코크가 시트에서
잘 떨어지지 않아요.

A.

코크가 시트에서 잘 떨어지지 않는 원인은 다음과 같습니다.

① 굽는 시간이 부족해 코크가 덜 익은 경우

코크를 오븐에 넣고 굽는 시간, 꺼내는 시간은 항상 변할 수 있어요. 정해진 시간이 되었다고 무조건 꺼내는 것이 아니라 코크를 가볍게 잡고 흔들어보았을 때 흔들리지 않는 상태에서 꺼내야 속이 가라앉지 않고 시트에서 잘 분리됩니다.

② 마카로나주를 지나치게 한 경우

마카로나주를 지나치게 많이 하면 반죽에 필요 이상의 수분이 생기고, 이로 인해 코크가 찐득해져 시트에 들러붙어 떨어지지 않습니다. 마카로나주를 많이 하지 않도록 주의하며 작업해 주세요.

⑤ 코크 조색하기

조색은 코크 반죽에 색소를 넣어 원하는 색깔로 만드는 과정입니다. 만들고자 하는 색상의 색소를 넣어 다양한 색깔의 마카롱을 만들어보세요.

이 책에서는 셰프마스터 색소를 사용했습니다. 셰프마스터 색소는 액상과 페이스트의 중간 정도의 점성을 가지고 있으며, 방울 단위로 사용하기 편리해 조색 시 용이하게 사용할 수 있습니다. 약 30가지 이상의 다양한 색상이 있지만 기본적으로 C, M, Y, K 네 가지 색상만으로 색상환에 있는 모든 색이 표현 가능합니다.

셰프마스터 색소를 기준으로 C(Cyan)=네온브라이트블루, M(Magenta)=딥핑크, Y(Yellow)=네온브라이트옐로우, K(Black)=콜블랙입니다. 아래 색상환을 참고로 BG(청록)=Cyan에서 RP(자주)=Magenta 색소를 소량씩 섞어주면 점차 파랑(B)→남색(PB)→보라(P)의 색상을 만들 수 있습니다. 또한 형광 빛이 도는 핑크색을 파스텔 톤의 핑크로 만들고 싶으면 핑크와 마주보고 있는 보색인 초록색을 소량 넣으면 톤이 다운되며 파스텔톤으로 표현됩니다. 이처럼 색상환을 참고해 기본 색상들로도 다양한 조색을 할 수 있습니다.

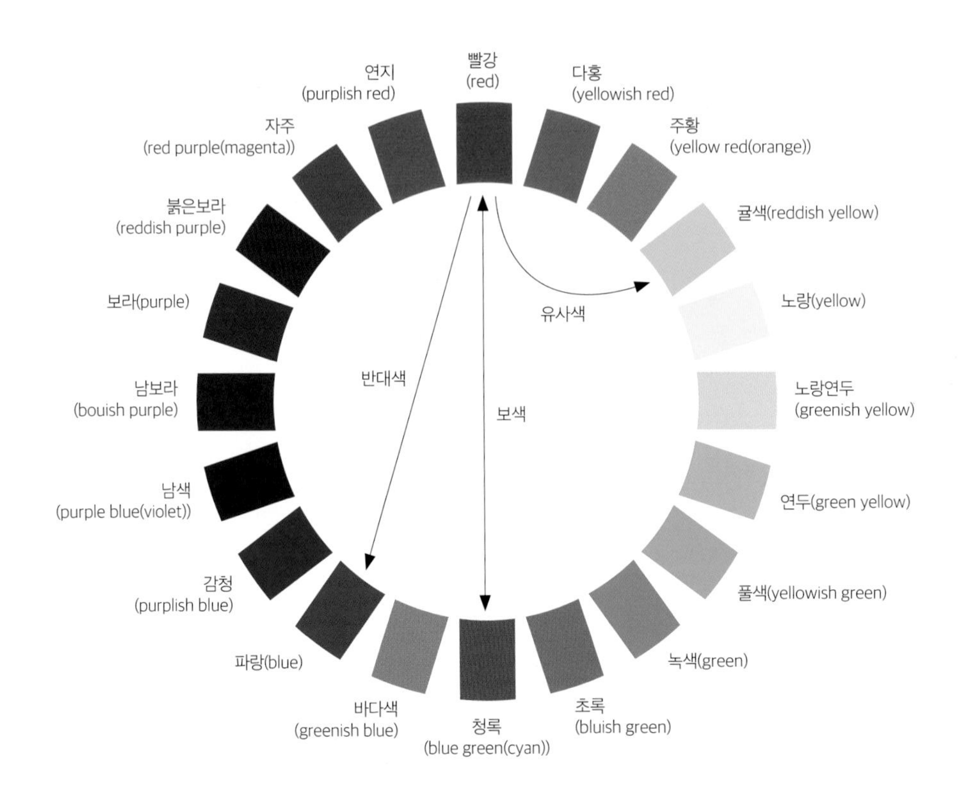

- 보색: 색상의 대비를 이루는 한 쌍의 색상
- 명도: 색이 지니는 밝기의 정도
- 채도: 색상의 맑고 탁한 정도
- 근접색: 색상환에서 단색의 1~2칸 근처의 색

조색의 기본 원리

- 보색을 배합하면 색의 톤은 다운됩니다.
- 혼합하는 색의 종류가 많아질수록 검정에 가까워집니다.
- 근접색을 혼합하면 채도가 낮아집니다.
- 빨강 계열의 색을 톤다운할 때는 브라운을 사용합니다.

색을 섞는 방법

사용하는 색깔에 따라 결과물은 크게 달라집니다. 색이 혼합되었을 때 어떻게 표현되는지 이해하고 나면 색을 섞는 범위는 넓어집니다.

- **1차색** : 빨강, 파랑, 노랑 3가지의 기본적인 1차색은 다른 색깔을 섞어서 만들 수 없는 색깔입니다.
  *빨강(RED)
  *파랑(BLUE)
  *노랑(YELLOW)

- **2차색** : 기본색을 서로 섞어주면 다음과 같은 2차색을 만들 수 있습니다.
  *빨강+노랑=주황(ORANGE)
  *노랑+파랑=초록(GREEN)
  *빨강+파랑=보라(PURPLE)

- **3차색** : 기본색과 2차색을 함께 섞어주면 3차색을 만들 수 있습니다.
  *빨강+주황=빨강계열의 주황(RED ORENGE)
  *빨강+보라=빨강계열의 보라(RDE VIOLET)
  *노랑+주황=노랑계열의 주황(YELLOW ORANGE)
  *노랑+초록=노랑계열의 초록(YELLOW GREEN)
  *파랑+초록=파랑계열의 초록(BLUE GREEN)
  *파랑+보라=파랑계열의 보라(BLUE VIOLET)

색소의 종류

색소는 만드는 방법에 따라 천연재료에서 추출한 천연색소와 이를 합성한 합성색소로 나눌 수 있습니다. 성질에 따라 지용성, 수용성, 가루, 페이스트로 나뉩니다. 이 책에서 사용한 셰프마스터 색소는 합성색소에 속합니다.

천연색소	합성색소
채도가 낮은 편이며, 특정색은 표현되지 않기도 합니다.	채도가 높아서 선명한 색감을 표현하기에 좋습니다.
색 표현 시 많은 양을 사용해야 합니다.	적은 양으로도 색 표현이 가능합니다.
시간이 지나거나 직사광선 노출 시 색이 바랩니다.	변색이 적은 편입니다.
일부 색은 열에 약해 오븐에서 굽는 동안 변색되기도 합니다.	기본적으로 내열성을 가지고 있기 때문에 오븐에서 구워도 색이 유지되는 편입니다.

이 책에서 사용한 코크의 컬러 차트를 준비했습니다. 이 차트를 바탕으로, 앞의 내용을 참고하여 여러 가지 색소를 조합하여 다양한 색상을 만들어낼 수 있습니다. 하지만 같은 방울 수라 하더라도 사용하는 사람에 따라 들어가는 양에 차이가 나면서 색이 달라질 수 있습니다.
여러 번 테스트를 거치며 자신이 원하는 색으로 조합해보세요.

* 이 책에서는 기본적으로 20g짜리 작은 용량의 제품을 사용하였습니다.
아래의 색소 이름 중 '선셋오렌지', '베이커스로즈', '리프그린'은 65g짜리의 큰 용량 제품입니다.

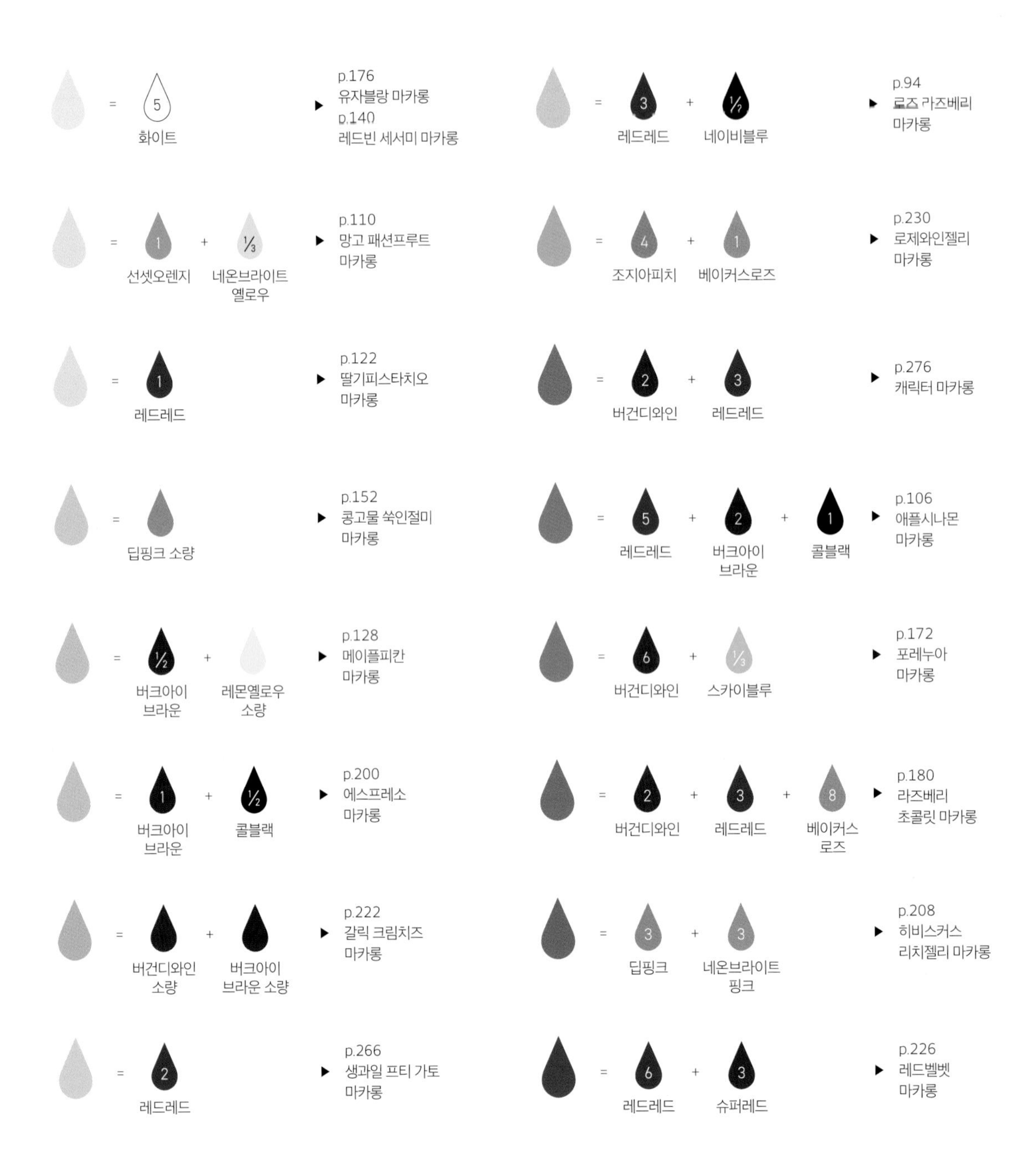

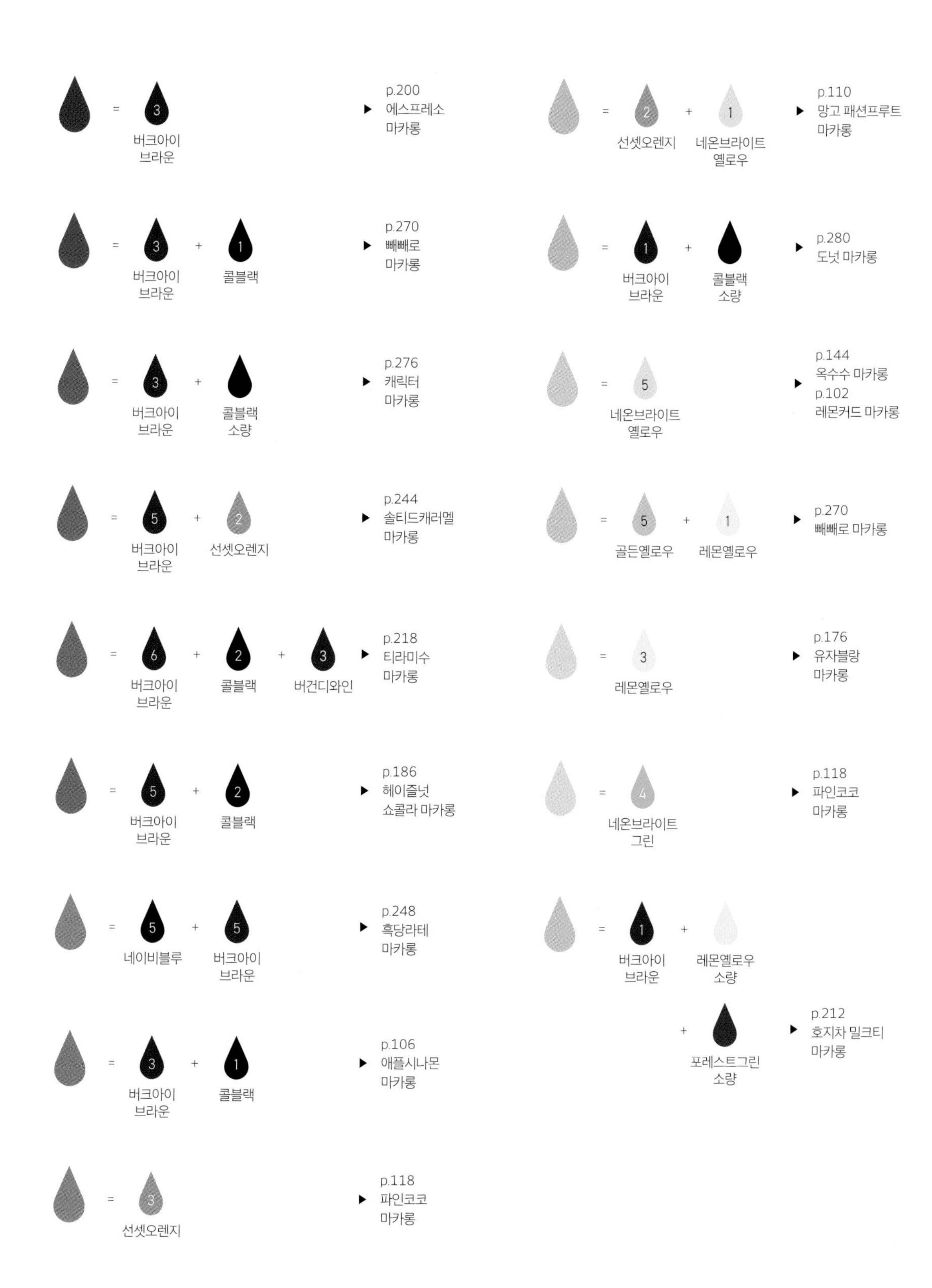
= 3
버크아이 브라운
p.200 에스프레소 마카롱
= 3 + 1
버크아이 브라운
콜블랙
p.270 빼빼로 마카롱
= 3 +
버크아이 브라운
콜블랙 소량
p.276 캐릭터 마카롱
= 5 + 2
버크아이 브라운
선셋오렌지
p.244 솔티드캐러멜 마카롱
= 6 + 2 + 3
버크아이 브라운
콜블랙
버건디와인
p.218 티라미수 마카롱
= 5 + 2
버크아이 브라운
콜블랙
p.186 헤이즐넛 쇼콜라 마카롱
= 5 + 5
네이비블루
버크아이 브라운
p.248 흑당라테 마카롱
= 3 + 1
버크아이 브라운
콜블랙
p.106 애플시나몬 마카롱
= 3
선셋오렌지
p.118 파인코코 마카롱
= 2 + 1
선셋오렌지
네온브라이트 옐로우
p.110 망고 패션프루트 마카롱
= 1 +
버크아이 브라운
콜블랙 소량
p.280 도넛 마카롱
= 5
네온브라이트 옐로우
p.144 옥수수 마카롱
p.102 레몬커드 마카롱
= 5 + 1
골든옐로우
레몬옐로우
p.270 빼빼로 마카롱
= 3
레몬옐로우
p.176 유자블랑 마카롱
= 4
네온브라이트 그린
p.118 파인코코 마카롱
= 1 +
버크아이 브라운
레몬옐로우 소량
+
포레스트그린 소량
p.212 호지차 밀크티 마카롱

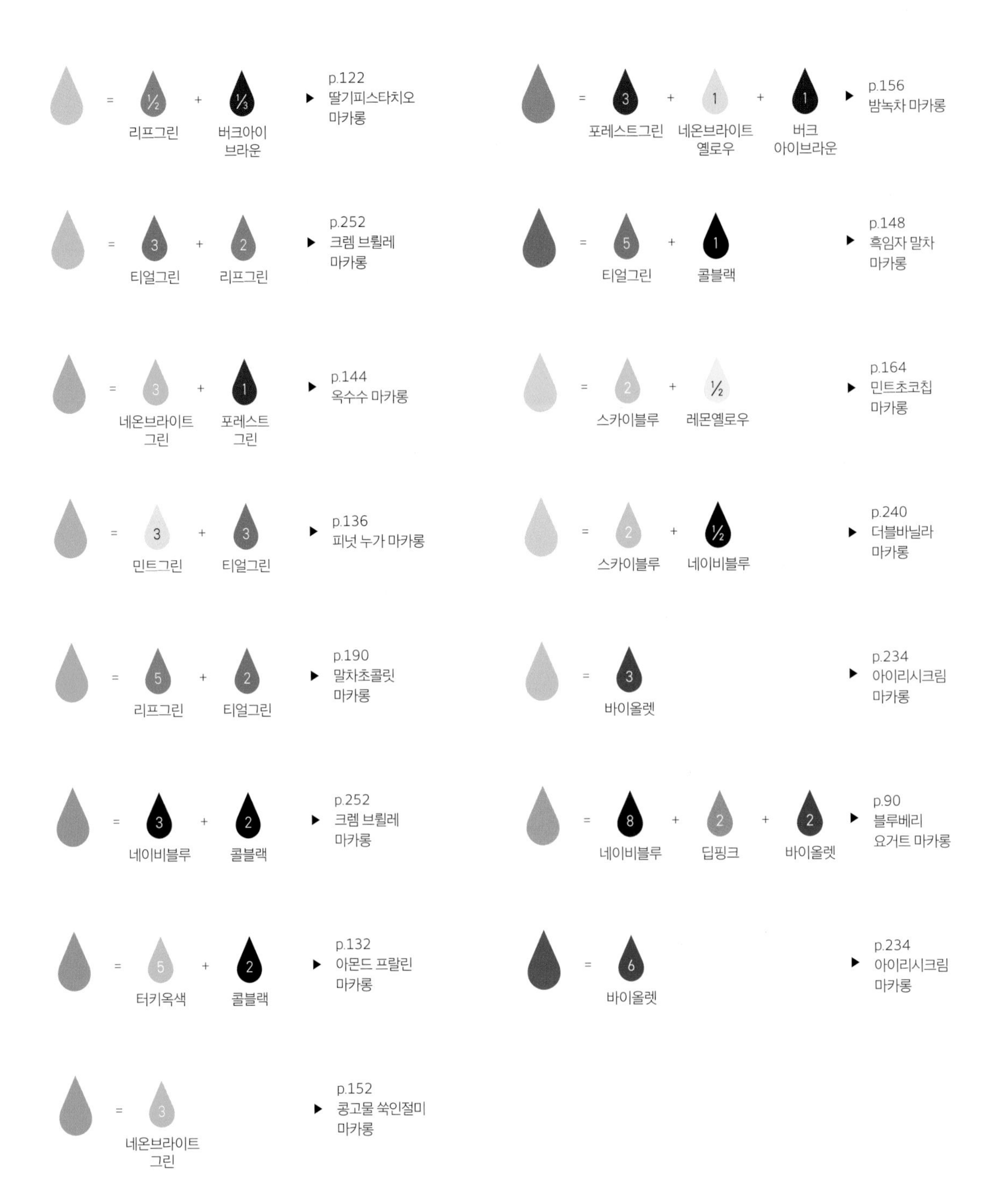

=
½
+
⅓
리프그린
버크아이
브라운
p.122
딸기피스타치오
마카롱
=
3
+
2
티얼그린
리프그린
p.252
크렘 브륄레
마카롱
=
3
+
1
네온브라이트
그린
포레스트
그린
p.144
옥수수 마카롱
=
3
+
3
민트그린
티얼그린
p.136
피넛 누가 마카롱
=
5
+
2
리프그린
티얼그린
p.190
말차초콜릿
마카롱
=
3
+
2
네이비블루
콜블랙
p.252
크렘 브륄레
마카롱
=
5
+
2
터키옥색
콜블랙
p.132
아몬드 프랄린
마카롱
=
3
네온브라이트
그린
p.152
콩고물 쑥인절미
마카롱
=
3
+
1
+
1
포레스트그린
네온브라이트
옐로우
버크
아이브라운
p.156
밤녹차 마카롱
=
5
+
1
티얼그린
콜블랙
p.148
흑임자 말차
마카롱
=
2
+
½
스카이블루
레몬옐로우
p.164
민트초코칩
마카롱
=
2
+
½
스카이블루
네이비블루
p.240
더블바닐라
마카롱
=
3
바이올렛
p.234
아이리시크림
마카롱
=
8
+
2
+
2
네이비블루
딥핑크
바이올렛
p.90
블루베리
요거트 마카롱
=
6
바이올렛
p.234
아이리시크림
마카롱

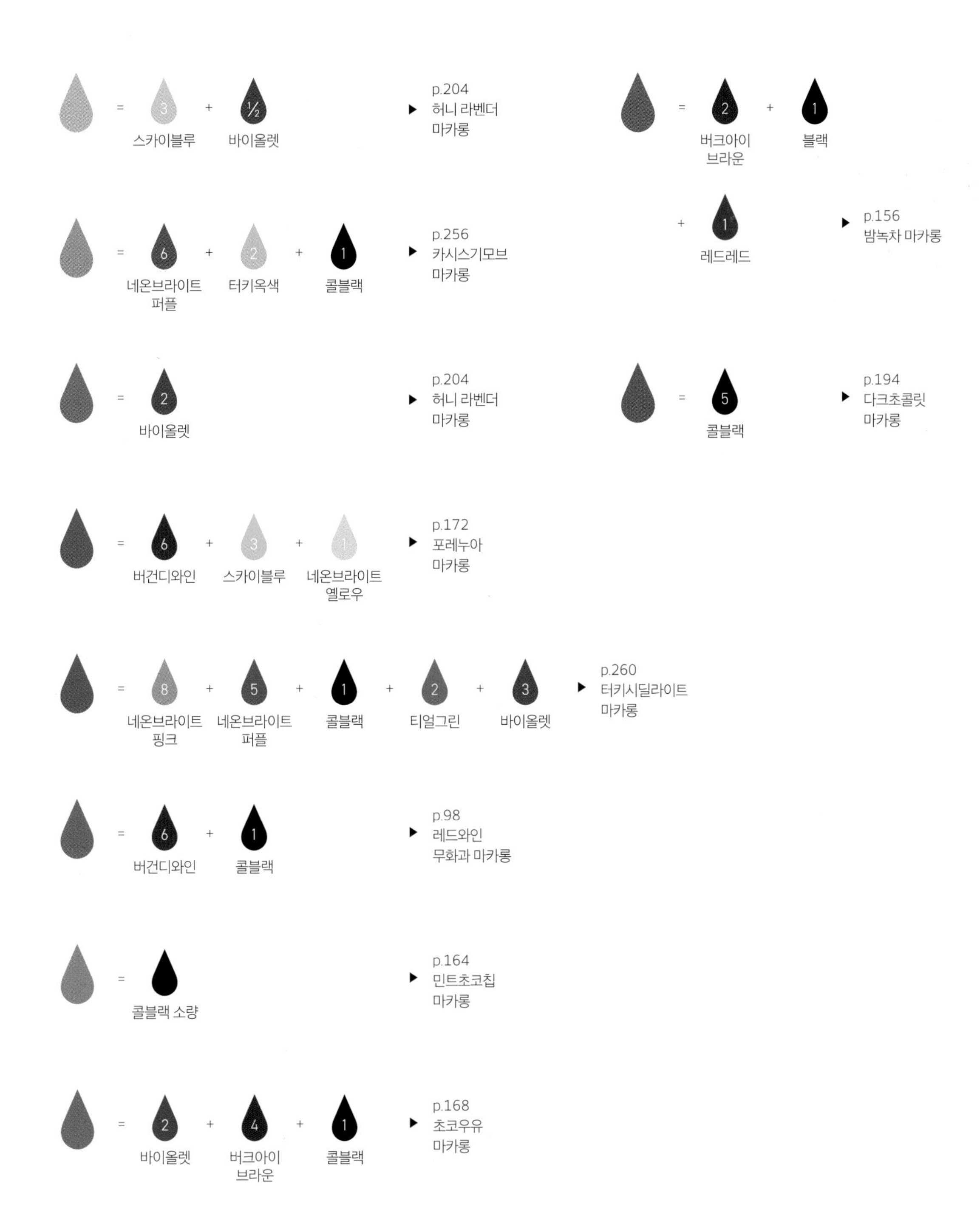

=
3
+
½
스카이블루
바이올렛
p.204
허니 라벤더
마카롱
=
6
+
2
+
1
네온브라이트
퍼플
터키옥색
콜블랙
p.256
카시스기모브
마카롱
=
2
바이올렛
p.204
허니 라벤더
마카롱
=
6
+
3
+
1
버건디와인
스카이블루
네온브라이트
옐로우
p.172
포레누아
마카롱
=
8
+
5
+
1
+
2
+
3
네온브라이트
핑크
네온브라이트
퍼플
콜블랙
티얼그린
바이올렛
p.260
터키시딜라이트
마카롱
=
6
+
1
버건디와인
콜블랙
p.98
레드와인
무화과 마카롱
=
콜블랙 소량
p.164
민트초코칩
마카롱
=
2
+
4
+
1
바이올렛
버크아이
브라운
콜블랙
p.168
초코우유
마카롱
=
2
+
1
버크아이
브라운
블랙
+
1
레드레드
p.156
밤녹차 마카롱
=
5
콜블랙
p.194
다크초콜릿
마카롱

PART 3. 필링

01 필링의 기본

마카롱의 다양한 개성을 나타내는 필링은 버터크림 타입, 가나슈 타입, 크림치즈 타입으로 나눌 수 있어요. 내고자 하는 맛과 식감에 따라 여러 가지 필링으로 마카롱을 만들 수 있습니다.

1. 버터크림이란?

버터크림은 원래 버터에 설탕으로 단맛을 준 것이었으나 좀 더 가볍고 식감이 좋아지도록 다양한 제조법으로 만들어지게 되었습니다. 버터크림은 모카케이크, 프레지에, 오페라, 뷔슈 드 노엘 등 프랑스의 앙트르메에 빼놓을 수 없는 크림입니다. 제조 방법에 따라 풍미가 달라지며 이탈리안 머랭을 베이스로 한 이탈리안 버터크림, 파트 아 봄브를 베이스로 한 파트 아 봄브 버터크림, 크렘 앙글레즈를 베이스로 한 앙글레즈 버터크림이 있습니다. 각각의 버터크림은 다양한 재료를 섞어 마카롱 필링으로 많이 사용됩니다.
버터크림은 휘핑 정도에 따라 식감을 조절할 수도 있는데 휘핑을 많이 하면 훨씬 가벼운 식감의 버터크림, 휘핑을 적게 하면 묵직한 식감의 버터크림으로 완성됩니다.

유통기한
버터크림의 유통기한은 보통 냉장 일주일, 냉동 한 달입니다.

보관 방법
냄새가 배지 않도록 밀봉하여 냉장 보관합니다. 다시 사용할 때는 실온에서 자연 해동 후 다시 휘핑하여 사용합니다.

2. 가나슈란?

가나슈(ganache)는 초콜릿과 생크림, 버터, 우유 등 다양한 재료를 섞어 만드는 초콜릿 크림으로 부드러운 질감이 특징입니다.
가나슈는 프랑스어로 '바보멍청이'라는 뜻을 가지고 있어요. 19세기 프랑스의 한 제과 공장에서 어느 견습생이 초콜릿 위에 끓는 크림을 쏟았는데, 그 장면을 본 제과 선생님에게 "바보멍청이"라는 말을 들었다고 합니다. 그는 쏟은 초콜릿을 어떻게든 사용해보려고 젓기 시작했고, 몇 번을 젓자 생크림과 섞인 초콜릿은 너무나 부드럽고 맛있는 크림으로 변했다고 합니다. 이렇게 탄생한 크림이 바로 '가나슈'입니다.
가장 기본적인 가나슈는 초콜릿과 생크림의 비율이 1:1이지만, 사용하는 초콜릿의 카카오 함량이나 재료에 따라 달라지기도 합니다.
가나슈는 초콜릿의 카카오버터의 유지 성분을 가라앉히고 부드럽게 하기 위해 수분을 섞어 유화시킨 것입니다. 유화가 잘 되지 않은 가나슈는 분리가 일어나 부드럽지 않고 먹었을 때 유지방이 입 안에 남아 퍼석해져 식감이 좋지 않아집니다.
가나슈를 잘 유화시키려면 수분 재료를 조금씩 첨가해 가면서 골고루 섞는 것이 중요합니다. 유화 작용을 위해서 가장 먼저 생크림을 가열한 다음, 가열한 생크림을 초콜릿 위에 붓습니다. 이렇게 부은 생크림은 몇 분 정도 놔두었다가 섞는데, 그 이유는 30~40℃ 사이에서 유화 작용이 가장 잘 이루어지기 때문입니다. 이때 중요한 점은 생크림을 너무 뜨겁게 끓여서는 안 된다는 것입니다.

생크림을 담은 냄비를 불에 올린 다음, 냄비의 가장자리가 끓기 시작하면 불에서 바로 내려야 합니다. 그렇지 않으면 수분이 증발하여 결국 지방분이 수분 속에 분산될 공간이 부족해져 쉽게 분리가 됩니다. 또 가나슈의 온도를 너무 높이면 유지가 분리되고 유화가 깨져버립니다.
가나슈를 만들 때 다크초콜릿을 이용할 때와 화이트초콜릿을 이용할 때 수분의 비율을 다르게 합니다. 이는 화이트초콜릿에는 카카오 매스가 들어 있지 않기 때문인데요, 수분의 비율을 다르게 하지 않고 다크초콜릿을 이용한 가나슈를 만들 때와 같이 동량의 크림을 이용하게 되면 가나슈의 질감이 너무 묽어집니다.

일반적인 가나슈 레시피는 다음과 같습니다. 아래의 레시피보다 생크림의 양이 많아 수분이 늘어난 경우는 가나슈의 온도를 내려도 굳지 않습니다.

- 다크 가나슈 = 다크 초콜릿 255g + 생크림 170g
- 밀크 가나슈 = 밀크초콜릿 320g + 생크림 170g
- 화이트 가나슈 = 화이트 초콜릿 400g + 생크림 100g

위의 레시피를 기초로 생크림에 차나 향료, 허브를 인퓨징해서 가나슈의 향과 맛을 원하는 대로 표현할 수 있습니다.

유통기한

가나슈는 신선한 생크림을 사용했을 때 냉장실에서 한 달, 냉동실에서 약 6개월 이상 보관 가능합니다. 선선한 날씨엔 실온에서 하루 이상도 보관할 수 있지만 추천하지는 않아요.

보관 방법

가나슈의 표면에 랩을 밀착시킨 후 냉장고 혹은 냉동고에 넣어 보관하면 공기에 노출되거나 세균이 번식되는 걸 막을 수 있어요.

3. 크림치즈란?

크림치즈는 일반 치즈에 비해 지방 함량이 높으며 부드럽고 가벼운 맛을 가졌습니다. 슈거파우더나 생크림을 섞어 마카롱 필링으로 사용하기도 합니다.
크림치즈는 비닐을 뜯는 순간 며칠이 지나면 금세 곰팡이가 생기기 쉽기 때문에 보관에 유의해야 하는 제품인데요, 필요한 만큼만 소분하여 랩에 싸서 냉동 보관합니다. 해동할 때는 키친타월 위에서 해동하도록 하여 크림치즈에서 나오는 물은 키친타월에 자연스레 스며들도록 합니다. 단, 해동 후 재냉동을 하지 않도록 유의해주세요.

유통기한

각 제품의 유통기한을 확인해주세요.

보관 방법

필요한 만큼 소분하여 냉동 보관합니다.

⓶ 기본 필링 만들기

마카롱은 어떤 베이스의 버터크림을 사용하는지,
버터크림에 어떤 재료를 넣어 응용하는지에 따라 맛과 식감을
다양하게 표현할 수 있습니다. 각각의 재료에 어울리는 버터크림을
활용해 자신만의 개성 있는 마카롱을 만들어보세요.

1. 이탈리안 버터크림

이탈리안 버터크림은 이탈리안 머랭의 기포성으로 인해 가벼우며 맛이 담백하고 깔끔합니다. 달걀노른자를 사용하지 않아 다른 버터크림에 비해 유통기한이 길고 잘 녹지 않아 데커레이션으로도 많이 사용합니다.

활용법

수분감이 낮고 어떠한 재료와 섞어도 잘 어울리며 특히 과일 종류와 함께 사용하면 과일의 수분도 잡아줄 뿐만 아니라 느끼함이 적어 좋습니다.

INGREDIENTS

달걀흰자 57g
설탕 110g
물 35g
무염버터 300g

PREPARATION

- 버터는 실온에 두어 말랑하게 만듭니다.

만드는 법

1
냄비에 물과 설탕을 넣고 중불에 끓여 시럽을 만듭니다.

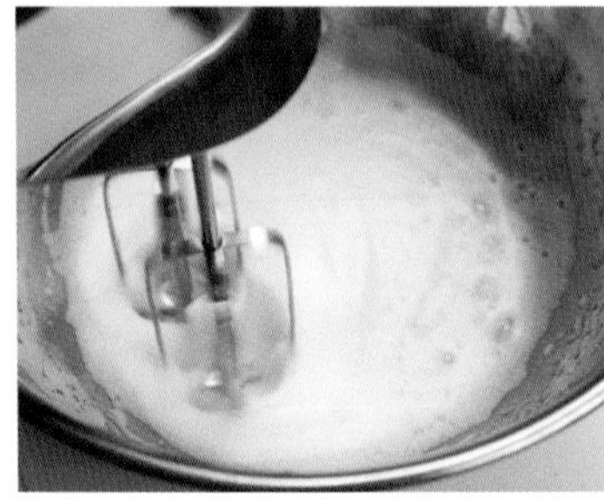

2
냄비의 가장자리가 끓기 시작하면 다른 볼에 달걀흰자를 넣고 중속으로 휘핑해 부드럽게 기포를 올려줍니다.

3
1의 시럽의 온도가 118~120℃가 되면 불에서 내려주세요.

4
시럽을 2의 머랭에 가늘게 흘려 넣으며 고속으로 휘핑합니다. 이때 시럽은 반드시 볼 벽면을 타고 흘러내리도록 해주세요.

5
머랭의 온도가 25℃ 정도로 식고 휘퍼날을 들어 올렸을 때 단단한 뿔 모양이 만들어지면 마무리합니다.

6
실온 상태의 말랑한 버터를 절반 넣고 중속으로 휘핑합니다.

Tip 버터크림을 실온화시킬 땐 버터가 너무 많이 녹지 않도록 주의하세요. 한 번 녹은 버터는 다시 굳으면 식감도 거칠고 느끼해집니다.

7
머랭과 버터가 어느 정도 섞이면 나머지 버터를 모두 넣고 골고루 섞이도록 중속으로 휘핑합니다.

8
도중에 주걱으로 한 번 정리하고 다시 중속으로 휘핑합니다.

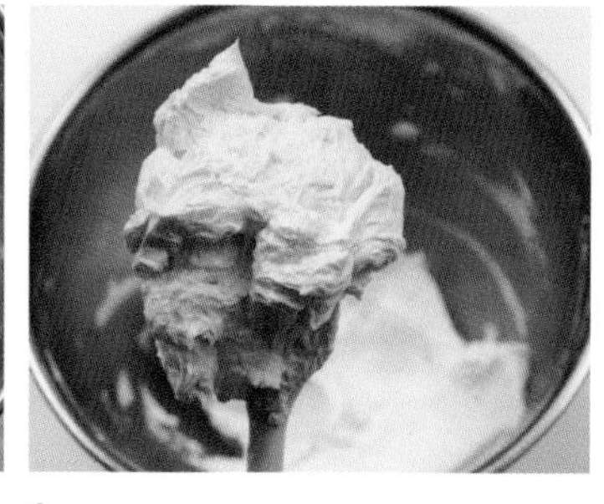

9
볼 벽면을 주걱으로 정리하며 크림이 전체적으로 매끈해지고 광택이 나도록 섞어 완성합니다.

2.

파트 아 봄브 버터크림

앙글레즈 버터크림보다 수분감이 적고 이탈리안 버터크림보다는 부드럽습니다. 달걀노른자만을 사용해 만들어 맛이 농후하고 고소한 것이 특징입니다.

활용법

초콜릿이나 커피, 바닐라, 피스타치오 등 풍미가 진하고 고소한 재료들과 잘 어울리며 다양한 아롬과도 궁합이 좋습니다.

INGREDIENTS

달걀노른자 94g
설탕 75g
물 30g
무염버터 300g

PREPARATION

- 버터는 실온에 두어 말랑하게 만듭니다.

만드는 법

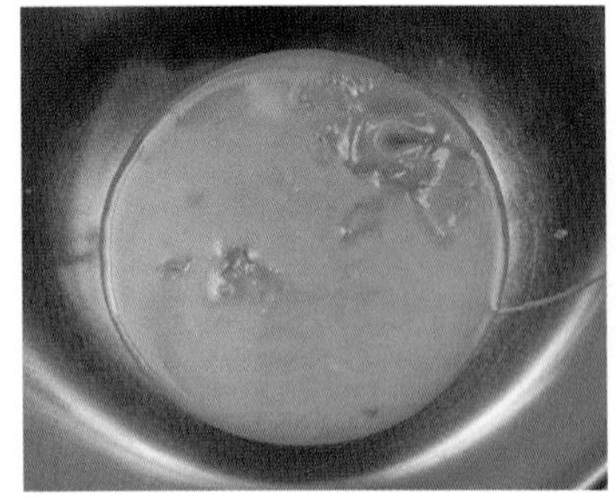

1
노른자를 볼에 담고 핸드믹서를 고속으로 하여 휘핑합니다.

2
노른자가 밝은 아이보리색이 될 때까지 휘핑합니다.

3
냄비에 설탕과 물을 넣고 불에 올려 시럽을 만듭니다. 118~120℃가 되면 불에서 내려주세요.

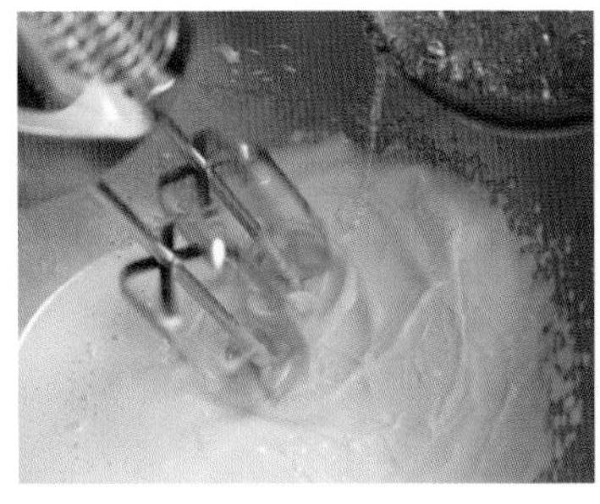

4
끓인 시럽을 노른자가 담긴 볼에 조금씩 흘려 넣으며 고속으로 휘핑합니다. 이때 시럽은 반드시 볼 벽면을 타고 흘러 들어가도록 넣어주세요.

5
25℃ 정도로 식고 휘퍼날을 들어 올렸다가 반죽을 떨어뜨렸을 때 리본 모양이 만들어지면 마무리합니다.

6
실온 상태의 말랑한 버터를 절반 넣어 섞어주세요.

설탕 시럽을 볼 벽면에 흘려 넣는 이유는?
설탕 시럽을 볼 벽면에 흘려 넣지 않고 바로 넣으면 시럽이 날에 닿고 이 닿은 시럽들이 알갱이로 굳으면서 버터크림에 들어가 식감을 방해할 수 있습니다. 또한 손실분으로 인해 버터크림이 제대로 만들어지지 않을 수 있어요.

7
버터가 골고루 섞이도록 중속으로 휘핑합니다.

8
나머지 버터를 전부 넣고 중속으로 휘핑합니다.

9
크림이 전체적으로 매끈해지고 광택이 나면 볼 벽면을 주걱으로 정리하여 완성합니다.

3.

앙글레즈 버터크림

우유나 생크림을 넣어 만든 크림이라 수분이 많습니다. 수분감으로 인해 크림의 상태가 불안정하기 때문에 다른 크림보다 잘 녹는 단점이 있지만 진하면서도 가볍고 입 안에서 부드럽게 녹는 식감이 특징입니다.

활용법

수분감이 없는 가루 재료와 잘 어울리며 우유 대신 과일 퓌레를 이용하면 좀 더 다양한 크림을 만들 수 있습니다.

INGREDIENTS

달걀노른자 60g
설탕 48g
우유 75g
무염버터 300g

PREPARATION

- 버터는 실온에 두어 말랑하게 만듭니다.

만드는 법

1
볼에 노른자를 담고 설탕의 절반을 넣어 거품기로 잘 섞어주세요.

2
냄비에 우유와 나머지 설탕을 모두 넣고 중불에 올려 한 번 끓어오를 때까지(설탕이 녹을 정도) 데워주세요.

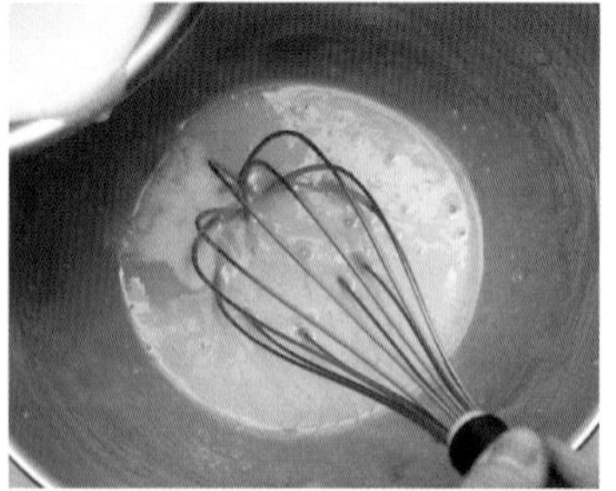

3
2를 **1**에 조금씩 넣으며 섞은 후 다시 냄비로 옮깁니다.

4
냄비를 약불에 올린 후 거품기로 쉬지 않고 저으며 83~85℃로 끓여주세요.

Tip 이때 85℃ 이상으로 끓이면 노른자가 익어 덩어리지므로 주의하세요.

5
4를 체에 걸러 볼로 옮긴 후 얼음물에 받치고 25℃ 정도로 식혀 앙글레즈 소스를 완성합니다.

6
식힌 앙글레즈 소스에 실온 상태의 버터를 절반 넣고 핸드믹서를 중속으로 하여 휘핑합니다.

7
어느 정도 섞이면 나머지 버터를 모두 넣고 충분히 섞이도록 중속으로 휘핑합니다.

8
크림이 전체적으로 매끈해지고 광택이 나면 볼 벽면을 주걱으로 정리하여 완성합니다.

4.
가나슈

가나슈는 버터크림과 같이 가장 많이 사용되는 마카롱 필링입니다. 수분감이 많아 입 안에서 부드럽게 녹는 식감이 장점입니다.

활용법

프랄린을 넣거나 티, 퓌레를 함께 사용하면 버터크림만큼이나 다양한 맛으로 활용 가능합니다. 다크초콜릿, 밀크초콜릿, 화이트초콜릿을 적절하게 사용해보세요.

INGREDIENTS

초콜릿 240g
생크림 160g
무염버터 20g

PREPARATION

- 버터는 실온에 두어 말랑하게 만듭니다.

만드는 법

1
볼에 다크초콜릿을 담고 중탕하여 살짝 녹여주세요. 초콜릿이 반 정도 녹으면 됩니다.

2
냄비에 생크림을 넣고 중불에 올려 가장자리가 끓어오를 정도로만 데운 후 불에서 내립니다. 생크림이 너무 뜨거워지지 않도록 합니다.

3
1에 **2**를 조금씩 부어가며 중심부에서 천천히 원을 그리며 주걱으로 섞어주세요. 핸드블렌더를 사용하면 좀 더 매끄러워집니다.

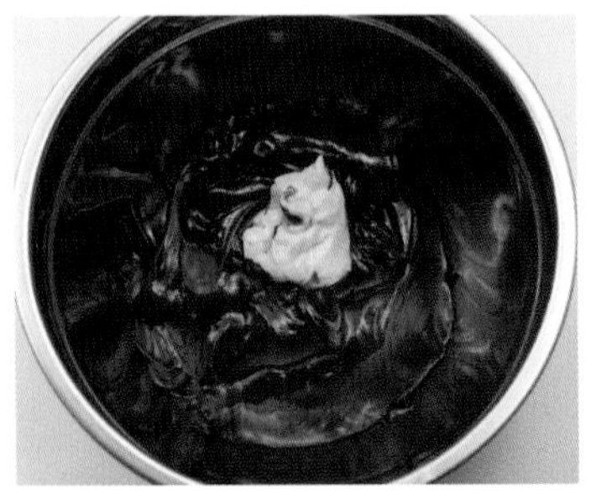

4
생크림과 초콜릿이 어느 정도 섞이고 온도가 30~35℃가 되면 실온의 버터를 넣고 같은 방법으로 주걱으로 천천히 섞어주세요.

5
매끄럽게 섞이면 공기가 들어가지 않도록 랩을 덮어 살짝 굳혀주세요.

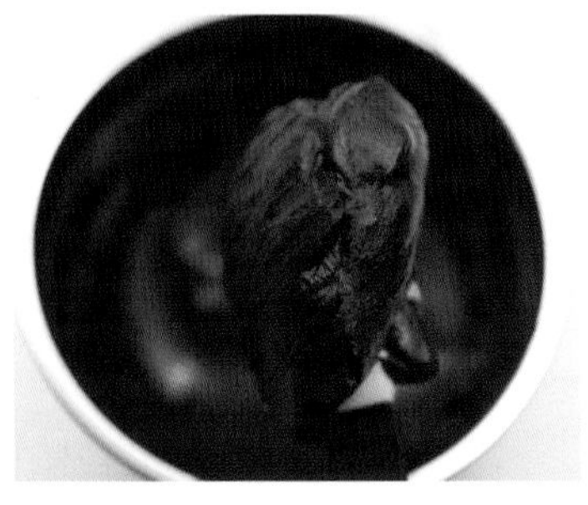

6
주걱으로 떠보았을 때 꾸덕꾸덕한 상태가 되면 짤주머니에 옮겨 담아 사용합니다.

가나슈 Q&A

Q. 가나슈가 분리되는 원인은 무엇인가요?

생크림을 한꺼번에 넣거나 생크림 쪽에 초콜릿을 넣었을 때 분리 현상이 생깁니다. 한꺼번에 많은 양의 생크림을 넣고 섞으면 유지 속의 수분이 균일하게 섞이지 않아 분리되는 것입니다. 특히 카카오 함량이 많을수록 유지방분의 양이 많아지며 더욱 분리되기 쉽습니다. 카카오 함량이 높을수록 수분량, 즉 생크림의 양을 늘려 작업해야 합니다. 반대로 카카오 함량이 낮은 초콜릿으로 가나슈를 만들 때는 생크림의 양을 줄여 작업하는 것이 중요합니다.

Q. 가나슈가 분리되지 않도록 작업하는 요령이 있나요?

가나슈는 온도도 매우 중요합니다. 작업 시 가나슈의 온도는 35℃ 이상을 유지해주세요.
버터를 넣을 때에도 가나슈의 온도가 40℃를 넘으면 가나슈는 분리되기 쉬워요. 초콜릿에 넣는 생크림의 온도가 너무 뜨거워도 분리되기 쉬우므로 생크림을 데울 때도 너무 뜨거워지지 않도록 해야 합니다.

Q. 분리된 가나슈는 어떻게 수정하나요?

분리된 가나슈를 재유화시킵니다. 분리된 가나슈를 38℃ 정도로 데운 후 35℃로 데운 생크림을 조금씩 넣으며 섞어주세요. 여기서 중요한 점은 첨가한 생크림의 양만큼 녹인 초콜릿을 추가해 섞어주는 것입니다. 하지만 한 번 분리된 가나슈는 다시 유화를 시킨다 해도 맛이나 식감이 떨어질 수 있습니다.

분리된 가나슈

PART 4.

마카롱 레시피

Fruit

MACARON

과일 마카롱

BLUEBERRY YOGURT MACARON

ROSE RASPBERRY MACARON

RED WINE FIG MACARON

LEMON CURD MACARON

APPLE CINNAMON MACARON

MANGO PASSION FRUIT MACARON

GRAPEFRUIT MACARON

PINE COCO MACARON

STRAWBERRY PISTACHIO MACARON

BLUEBERRY YOGURT MACARON

블루베리 요거트 마카롱

슈퍼푸드 중 하나인 블루베리를 요거트와 함께 필링으로 만들어보았어요.
달콤하게 씹히는 블루베리와 요거트의 상큼함에 어른들도 아이들도, 누구나 좋아하는 마카롱이에요.

INGREDIENTS

(약 20~25개 분량)

코크

프렌치 머랭 코크

달걀흰자 112g
설탕 96g
아몬드파우더 150g
슈거파우더 135g

이탈리안 머랭 코크

물 30g
설탕 69g
달걀흰자 A 45g
아몬드파우더 125g
슈거파우더 125g
달걀흰자 B 45g

색소

네이비블루 8
딥핑크 2
바이올렛 2

필링

이탈리안 버터크림(p.78 참고) 180g
요거트 파우더 25g
생크림 18g
블루베리 잼 95g
- 냉동 블루베리 180g
- 설탕 18g
- 레몬즙 4g

PREPARATION

- 가루류는 체 쳐주세요.
- 버터는 실온에 두어 말랑하게 만들어주세요.

코크 만들기

프렌치 머랭법(p.36) 혹은 이탈리안 머랭법(p.40)을 참고하여 코크를 만듭니다.

블루베리 잼 만들기

1
냉동 블루베리와 설탕을 냄비에 담아주세요.

2
실온에 30분 정도 그대로 두어 과일의 수분이 나오도록 재웁니다.

3
수분이 나오면 중불에 올려 끓여주세요.

4
끓어오르면 불을 약불로 줄이고 레몬즙을 넣어주세요.

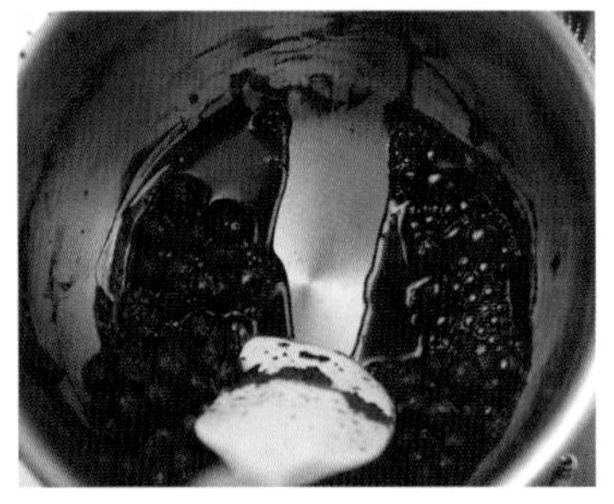

5
약불로 끓이며 졸이다가 주걱으로 냄비를 긁었을 때 바닥이 선명하게 긁어지면 불에서 내립니다.

6
한 김 식힌 후 사용하세요. 남은 잼은 유리병에 담아 냉장 보관합니다.

Tip 냉동 블루베리와 설탕으로 잼을 만들어요. 펙틴은 사용하지 않았습니다. 마카롱에 사용되는 잼은 설탕을 최소한으로 사용하여 설탕의 단맛은 최대한 줄이고 과일이 가진 단맛을 끌어올려 버터크림의 당도와 적절히 어울리도록 합니다.

필링 만들기

7
작은 볼에 요거트 파우더와 생크림을 담고 주걱으로 잘 섞어 요거트 파우더를 녹여주세요.

8
볼에 분량의 이탈리안 버터크림과 7, 블루베리 잼을 담아주세요.

9
핸드믹서를 중속으로 하여 충분히 휘핑해주세요.

Tip 필링을 만들 때 블루베리 잼을 사용하지 않으면 플레인 요거트 크림으로도 응용할 수 있습니다. 과일 잼이 들어가는 버터크림의 경우 잼이 너무 차갑거나 충분히 휘핑하지 않을 경우 잼 안의 수분이 분리되는 현상이 나타날 수 있어요. 잼은 실온 상태로 사용해주세요.

몽타주하기

10
806번 깍지를 끼운 짤주머니에 완성된 크림을 담고 한쪽 코크에 짜 올려 몽타주합니다.

ROSE RASPBERRY MACARON

로즈 라즈베리 마카롱

라즈베리의 상큼함과 입 안 가득 은은하게 퍼지는 장미향이 매력적인 마카롱입니다.
장미향에 거부감이 있는 분들도 달콤하게 즐길 수 있는 맛이에요.

INGREDIENTS

(약 20~25개 분량)

코크

프렌치 머랭 코크

달걀흰자 112g
설탕 96g
아몬드파우더 150g
슈거파우더 135g

이탈리안 머랭 코크

물 30g
설탕 69g
달걀흰자 A 45g
아몬드파우더 125g
슈거파우더 125g
달걀흰자 B 45g

색소

레드레드 3
네이비블루 1/2

필링

이탈리안 버터크림(p.78 참고) 200g
라즈베리 잼 65g
- 냉동 라즈베리 100g
- 설탕 10g
- 프랑부아즈 리큐어 3g

로즈아롬 3방울
색소(베이커스로즈) 2

장식

코팅용 화이트초콜릿 적당량
식용 장미꽃잎 적당량

PREPARATION

- 가루류는 체 쳐주세요.
- 버터는 실온에 두어 말랑하게 만들어주세요.

코크 만들기

프렌치 머랭법(p.36) 혹은 이탈리안 머랭법(p.40)을 참고하여 코크를 만듭니다.

라즈베리 잼 만들기

1
냉동 라즈베리와 설탕을 냄비에 담아주세요.

2
과일의 수분이 나오도록 실온에 30분 정도 그대로 재워두세요.

3
수분이 나오면 중불에 올려 주걱으로 저으며 끓여주세요.

4
끓어오르면 불을 약불로 줄이고 프랑부아즈 리큐어를 넣어주세요.

5
약불로 끓이며 졸이다가 주걱으로 냄비를 긁었을 때 바닥이 선명하게 긁어지면 불에서 내립니다.

6
한 김 식힌 후 사용합니다. 남은 잼은 유리병에 담아 냉장 보관하세요.

Tip 설탕은 냉동 라즈베리 양의 10%만 사용하여 잼을 만들어요. 펙틴이나 레몬즙은 사용하지 않았습니다. 적당한 농도로 졸인 후 마지막에 프랑부아즈 리큐어를 소량 넣어 풍미를 살렸습니다. 마카롱에 사용되는 잼은 설탕을 최소한으로 사용하여 설탕의 단맛은 최대한 줄이고 과일이 가진 단맛을 끌어올려 버터크림의 당도와 적절히 어울리도록 합니다.

필링 만들기

7
볼에 분량의 버터크림을 담고 베이커스로즈 색소 2방울과 분량의 라즈베리 잼을 넣어주세요.

8
핸드믹서를 중속으로 하여 휘핑합니다. 잼을 충분히 섞어주세요.

9
로즈아롬을 3방울 넣고 핸드믹서로 휘핑합니다. 장미향이 약하거나 강하게 느껴질 경우 취향에 맞게 조절하세요.

몽타주하기

10
806번 깍지를 끼운 짤주머니에 완성된 크림을 담고 한쪽 코크 가장자리에 동그랗게 짜 올려주세요.

11
짤주머니에 라즈베리 잼(분량 외)을 넣고 끝을 약간 잘라 가운데에 짠 후 몽타주합니다.

장식하기

12
코팅용 화이트 초콜릿을 중탕하여 녹여주세요.

13
식용 장미꽃잎도 준비합니다.

14
중탕하여 녹인 화이트 초콜릿을 짤주머니에 담고 짤주머니 끝을 약간 잘라 코크 위에 뿌려줍니다.

15
초콜릿이 굳기 전에 말린 식용 장미꽃잎을 올려 완성합니다.

Tip 초콜릿이 금방 굳으므로 굳기 전에 빠르게 완성합니다. 식용 장미꽃은 따뜻한 물에 넣어 티로도 먹을 수 있습니다.

RED WINE FIG MACARON

레드와인 무화과 마카롱

은은한 레드와인의 향과 쫄깃하게 씹히는 무화과 절임의 식감이 잘 어우러져 재미있는 마카롱입니다.
레드와인에 절인 무화과는 오랫동안 보관이 가능해 다양한 베이킹에도 사용할 수 있어요.

INGREDIENTS

(약 20~25개 분량)

코크

프렌치 머랭 코크

달걀흰자 112g

설탕 96g

아몬드파우더 150g

슈거파우더 135g

이탈리안 머랭 코크

물 30g

설탕 69g

달걀흰자 A 45g

아몬드 파우더 125g

슈거파우더 125g

달걀흰자 B 45g

색소

버건디와인 6

콜블랙 1

필링

이탈리안 버터크림(p.78 참고) 195g

레드와인 무화과 절임

- 반건조 무화과 260g
- 레드와인 260g
- 설탕 100g
- 바닐라빈 1/2개

레드와인 무화과 시럽 위에서 80g

레드와인 무화과 위에서 적당량
(시럽 걸러내고 다진 것)

색소(버건디와인) 2

PREPARATION

- 가루류는 체 쳐주세요.
- 버터는 실온에 두어 말랑하게 만들어주세요.

코크 만들기

프렌치 머랭법(p.36) 혹은 이탈리안 머랭법(p.40)을 참고하여 코크를 만듭니다.

레드와인 무화과 절임 만들기

1
반건조 무화과는 꼭지를 잘라 손질합니다.

2
냄비에 손질한 반건조 무화과, 레드와인, 설탕을 담아주세요.

3
바닐라빈은 씨를 긁어주세요.

4
2에 긁어놓은 바닐라빈과 껍질을 같이 넣은 다음 센불에 올려 끓여주세요.

5
끓어오르면 중불로 줄인 후 15~20분 더 졸입니다.

6
무화과를 눌렀을 때 살짝 말랑해졌으면 불을 끄고 한 김 식힙니다.

7
식은 레드와인 무화과 절임을 밀폐 용기에 시럽까지 모두 담아 보관합니다.

Tip 레드와인 무화과 절임은 냉장고에서 오래 숙성시킬수록 쫀득해지고 맛있어요. 다양한 베이킹에 활용해보세요. 시럽도 훌륭한 재료가 됩니다.

필링 만들기

8
볼에 분량의 버터크림과 레드와인 무화과 시럽 80g, 버건디 색소 2방울을 넣어주세요.

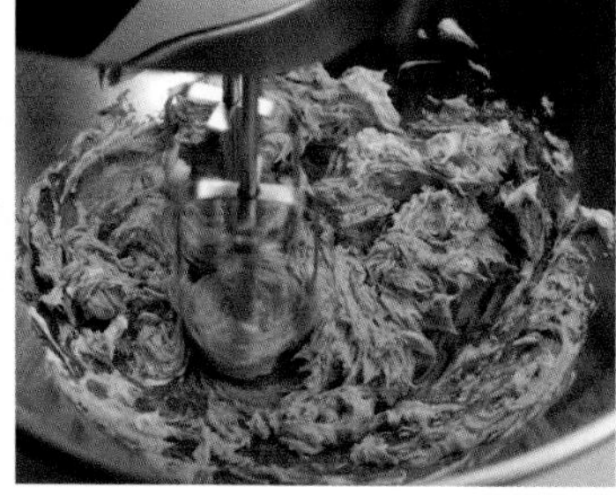

9
시럽과 색소가 잘 섞이도록 핸드믹서를 중속으로 하여 휘핑합니다.

10
시럽을 걸러낸 레드와인 무화과를 잘게 다져 준비합니다.

몽타주하기

11
867번 깍지를 끼운 짤주머니에 완성된 크림을 담고 한쪽 코크에 동그랗게 짜 올립니다.

12
가운데에 다진 무화과를 넣고 몽타주합니다.

LEMON CURD MACARON

레몬커드 마카롱

한 입만 베어 물어도 레몬의 상큼함이 입 안 가득 퍼지는 마카롱이에요.
생 레몬즙을 이용해 만든 레몬커드가 달콤한 버터크림과 만나 자꾸만 먹고 싶어지는 맛입니다.

INGREDIENTS

(약 20~25개 분량)

코크

프렌치 머랭 코크

달걀흰자 112g
설탕 96g
아몬드파우더 150g
슈거파우더 135g

이탈리안 머랭 코크

물 30g
설탕 69g
달걀흰자 A 45g
아몬드파우더 125g
슈거파우더 125g
달걀흰자 B 45g

색소

네온브라이트옐로우 5

필링

이탈리안 버터크림(p.78 참고) 200g
레몬커드 120g
- 레몬즙 75g
- 레몬제스트 1개 분량
- 설탕 60g
- 생크림 100g
- 콘스타치 5g
- 달걀노른자 2개 분량

레몬커드(분량 외) 적당량

PREPARATION

- 가루류는 체 쳐주세요.
- 버터는 실온에 두어 말랑하게 만들어주세요.

코크 만들기

프렌치 머랭법(p.36) 혹은 이탈리안 머랭법(p.40)을 참고하여 코크를 만듭니다.

레몬커드 만들기

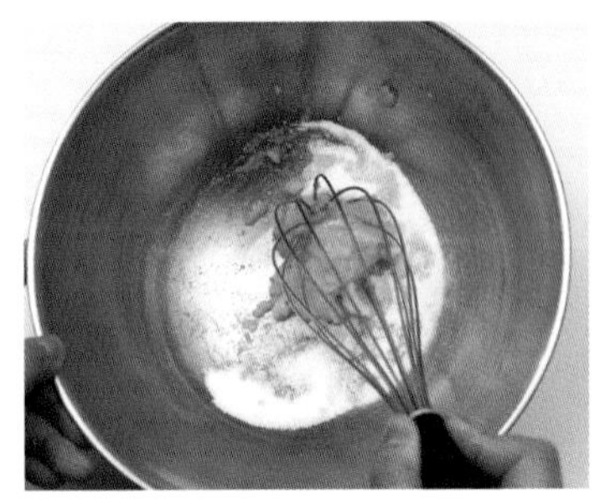

1
볼에 달걀노른자를 담고 설탕을 넣어 거품기로 섞어주세요.

2
레몬즙을 넣고 섞어주세요.

3
골고루 섞였다면 생크림을 넣고 섞어주세요.

4
어느 정도 섞였다면 체 친 콘스타치를 넣어 잘 섞고 냄비로 옮겨주세요.

5
중약불에 올려 휘퍼로 잘 저으면서 가열합니다.

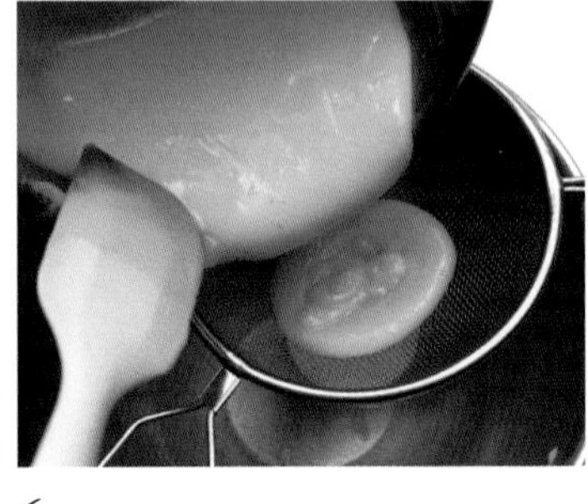

6
걸쭉해지면 불에서 내리고 체에 걸러주세요.

7

레몬제스트를 넣고 섞은 다음 실온에 30분 정도 그대로 두어 식힙니다. 사용하고 남은 레몬커드는 밀폐 용기에 담아 냉장 보관합니다.

Tip 레몬제스트는 레몬을 깨끗이 세척한 후 제스터를 이용해 노란 껍질 부분만 살살 긁어 사용합니다.

필링 만들기

8

볼에 이탈리안 버터크림과 분량의 레몬커드 120g을 넣어주세요.

9

핸드믹서로 부드럽게 휘핑해주세요.

Tip 레몬의 산 성분으로 인해 크림이 묽어질 경우 크림을 잠시 냉장 보관한 후 휘핑하세요.

몽타주하기

10

806번 깍지를 끼운 짤주머니에 완성된 크림을 담고 한쪽 코크에 동그랗게 짜 올려주세요.

11

분량 외 레몬커드를 짤주머니에 넣고 끝을 잘라 가운데에 짜 넣은 다음 몽타주합니다.

APPLE CINNAMON MACARON

애플시나몬 마카롱

아삭하고 달콤하게 조려진 사과조림은 베이킹에 많이 사용됩니다.
향긋한 시나몬과 함께 애플파이를 먹는 듯한 느낌이 드는 마카롱이에요.
찬바람 부는 가을과 잘 어울립니다.

INGREDIENTS

(약 20~25개 분량)

코크

프렌치 머랭 코크
달걀흰자 112g
설탕 96g
아몬드파우더 150g
슈거파우더 135g

이탈리안 머랭 코크
물 30g
설탕 69g
달걀흰자 A 45g
아몬드파우더 125g
슈거파우더 125g
달걀흰자 B 45g

색소
① 레드레드 5
버크아이브라운 2
콜블랙 1
② 버크아이브라운 3
콜블랙 1

필링

이탈리안 버터크림(p.78 참고) 185g
시나몬 파우더 2g
사과조림
사과 다진 것 150g
설탕 75g
시나몬 파우더 5g
레몬즙 8g
칼바도스 4g

PREPARATION

- 가루류는 체 쳐주세요.
- 버터는 실온에 두어 말랑하게 만들어주세요.

코크 만들기

프렌치 머랭법(p.36) 혹은 이탈리안 머랭법(p.40)을 참고하여 코크를 만듭니다.
마블 기법(번갈아 넣기, p.54)을 활용한 코크입니다.

사과조림 만들기

1
냄비에 잘게 다진 사과와 설탕을 담아주세요.

2
주걱으로 잘 섞은 다음 그대로 잠시 재워주세요.

3
설탕이 충분히 녹아 수분이 생기면 센불에 올려주세요. 주걱으로 섞어 수분을 날리며 볶아주세요.

4
사과가 반투명해지고 물이 졸아들면 불을 줄이고 레몬즙과 시나몬 파우더를 넣어 섞어주세요.

5
칼바도스를 넣고 섞어줍니다. 수분이 충분히 졸아들면 불을 끕니다.

6
실온에 잠시 두어 식힌 후 사용합니다.

Tip 칼바도스는 사과로 만든 브랜디예요. 사과의 향을 한층 더 풍부하게 끌어올릴 수 있도록 도와주는 리큐어의 일종입니다.

필링 만들기

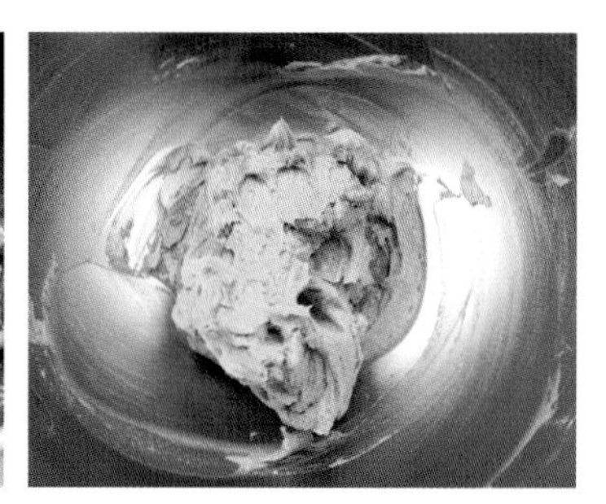

7
볼에 이탈리안 버터크림과 시나몬 파우더를 넣어주세요.

8
핸드믹서를 중속으로 하여 휘핑합니다.

몽타주하기

9
867번 깍지를 끼운 짤주머니에 완성된 크림을 담고 한쪽 코크 가장자리에 동그랗게 짜 올립니다.

10
가운데에 사과조림을 올려 몽타주합니다.

MANGO PASSION FRUIT MACARON

망고 패션프루트 마카롱

망고와 패션프루트가 들어간 마카롱을 한 입 베어 물면 휴양지에 온 듯한 기분이 들어요.
입 안에서 톡톡 터지는 패션프루트 씨의 식감이 재미있는 마카롱입니다.

INGREDIENTS

(약 20~25개 분량)

코크

프렌치 머랭 코크

달걀흰자 112g
설탕 96g
아몬드파우더 150g
슈거파우더 135g

이탈리안 머랭 코크

물 30g
설탕 69g
달걀흰자 A 45g
아몬드파우더 125g
슈거파우더 125g
달걀흰자 B 45g

색소

① 선셋오렌지 1
네온브라이트옐로우 1/3
② 선셋오렌지 2
네온브라이트옐로우 1

필링

이탈리안 버터크림(p.78 참고) 185g
망고잼 65g
- 망고 퓌레 95g
- 설탕 20g

패션프루트잼
- 패션프루트 퓌레(씨 있는 것) 70g
- 설탕 18g
- 펙틴 3g

PREPARATION

- 가루류는 체 쳐주세요.
- 버터는 실온에 두어 말랑하게 만들어주세요.
- 패션프루트잼을 만들기 전 설탕과 펙틴은 미리 합쳐둡니다.

코크 만들기

프렌치 머랭법(p.36) 혹은 이탈리안 머랭법(p.40)을 참고하여 코크를 만듭니다.

망고잼 만들기

1
냄비에 망고 퓌레와 설탕을 넣어주세요.

2
중불에 올려 주걱으로 저으며 끓여주세요.

3
걸쭉해질 때까지 계속 저으며 졸여주세요. 주걱으로 바닥을 긁었을 때 바닥이 선명하게 긁어지면 됩니다.

4
완성된 잼은 완전하게 식혀 사용합니다.

패션프루트잼 만들기

5
냄비에 패션프루트 퓌레를 담고 합쳐둔 설탕과 펙틴을 넣어주세요. 중불에 올려 주걱으로 저으며 끓입니다.

Tip 씨가 없는 패션프루트 퓌레를 사용해도 무방합니다.

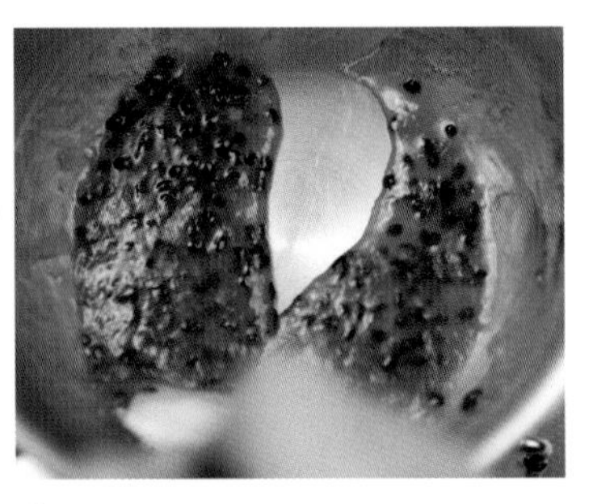

6
걸쭉해질 때까지 계속 저으며 졸여주세요. 주걱으로 바닥을 긁었을 때 바닥이 선명하게 긁어지면 됩니다.

필링 만들기

7
완성된 잼은 완전하게 식혀 사용합니다.

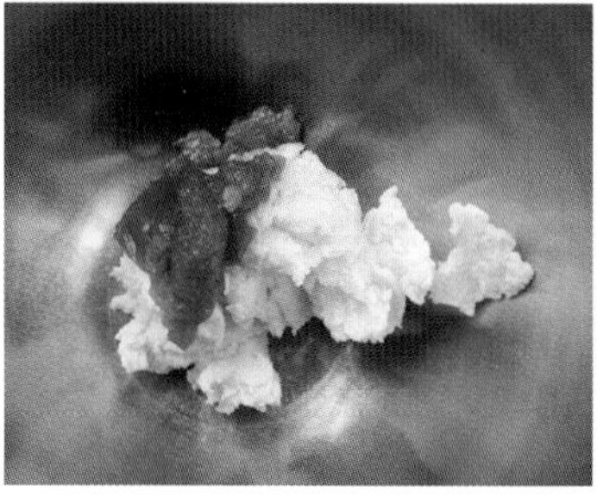

8
볼에 이탈리안 버터크림과 망고잼을 넣어주세요.

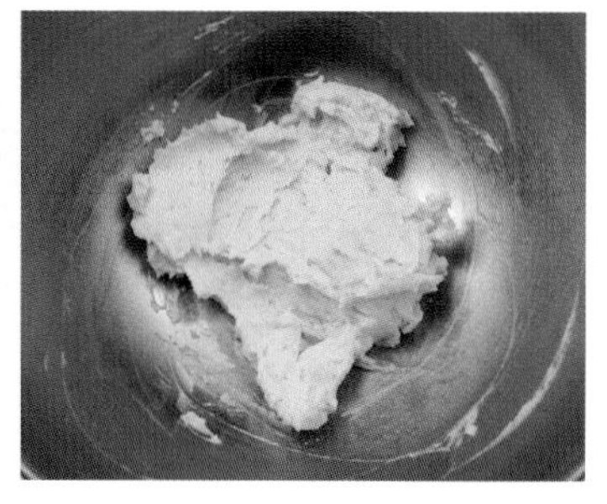

9
핸드믹서를 중속으로 하여 충분히 휘핑해주세요.

몽타주하기

10
195K번 깍지를 끼운 짤주머니에 완성된 크림을 담고 코크 가장자리에 동그랗게 짜 올립니다.

11
가운데에 패션프루트잼을 넣고 몽타주합니다.

GRAPEFRUIT MACARON

자몽 마카롱

직접 만든 쫀득한 자몽 콩피는 마치 젤리 같아요.
달콤쌉싸름한 자몽크림과 쫀득한 자몽콩피를 넣은 마카롱은 따뜻한 홍차와 잘 어울립니다.

INGREDIENTS

(약 20~25개 분량)

코크

프렌치 머랭 코크

달걀흰자 112g
설탕 96g
아몬드파우더 150g
슈거파우더 135g

이탈리안 머랭 코크

물 30g
설탕 69g
달걀흰자 A 45g
아몬드파우더 125g
슈거파우더 125g
달걀흰자 B 45g

색소

① 조지아피치 3
② 네온브라이트옐로우 1/2
레드레드 2

필링

이탈리안 버터크림(p.78 참고) 200g
자몽즙 85g
자몽콩피 적당량
- 자몽 껍질 2개 분량
- 물(자몽 껍질과 동량)
- 설탕(자몽 껍질과 동량)

PREPARATION

- 가루류는 체 쳐주세요.
- 버터는 실온에 두어 말랑하게 만들어주세요.

코크 만들기

프렌치 머랭법(p.36) 혹은 이탈리안 머랭법(p.40)을 참고하여 코크를 만듭니다.
마블 기법(번갈아 넣기, p.54)을 활용한 코크입니다.

자몽 콩피 만들기

1
자몽은 깨끗이 씻어 과육을 발라낸 껍질을 준비합니다.

2
자몽 껍질을 끓는 물에 데쳐주세요.

3
데친 자몽 껍질을 찬물에 헹궈냅니다. 끓는 물에 데쳤다가 헹구는 작업을 4~5회 반복합니다. 이는 자몽의 쓴맛을 빼기 위한 작업이에요.

4
체에 밭쳐 자몽 껍질의 물기를 제거합니다.

5
물기를 제거한 자몽 껍질의 무게를 잰 다음 자몽 껍질과 동량의 물, 동량의 설탕을 냄비에 담아 센불에 올려 졸여주세요.

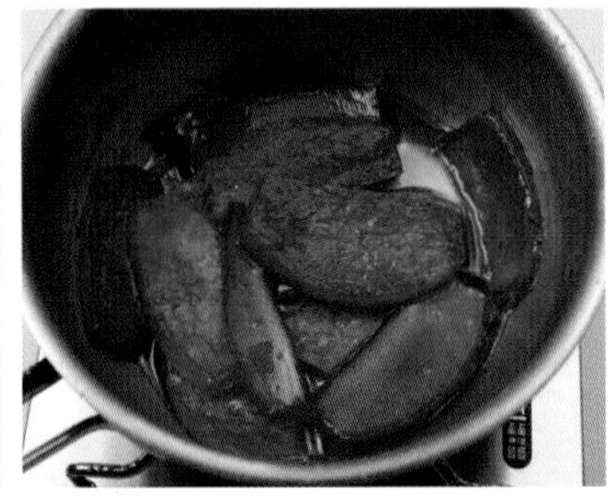

6
시럽이 1/3 정도 줄어들고 껍질이 투명하게 변하면 완성입니다. 열탕 소독한 유리병에 담아 냉장 보관하여 사용해주세요.

필링 만들기

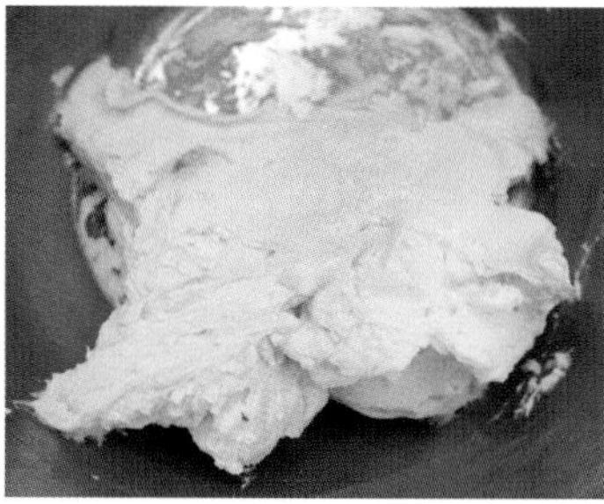

7

분량의 이탈리안 버터크림에 자몽즙을 넣고 충분히 섞이도록 핸드믹서로 휘핑합니다.

Tip 자몽즙 대신 자몽 퓌레나 남은 과육을 갈아서 사용해도 됩니다.

몽타주하기

8

자몽 콩피를 준비합니다. 칼로 잘게 다져주세요.

9

195K번 깍지를 끼운 짤주머니에 완성된 크림을 담고 코크 가장자리에 짜 올립니다.

10

가운데에 다진 자몽 콩피를 올려 몽타주합니다.

PINE COCO MACARON

파인코코 마카롱

달콤하게 조린 파인애플과 고소한 코코넛이 이국적인 느낌을 가져다주는 마카롱이에요.
무더운 여름과 잘 어울리는 맛입니다.

INGREDIENTS

(약 20~25개 분량)

코크

프렌치 머랭 코크

달걀흰자 112g
설탕 96g
아몬드파우더 150g
슈거파우더 135g

이탈리안 머랭 코크

물 30g
설탕 69g
달걀흰자 A 45g
아몬드파우더 125g
슈거파우더 125g
달걀흰자 B 45g

색소

① 네온브라이트그린 4
② 선셋오렌지 3

필링

이탈리안 버터크림(p.78 참고) 200g
코코넛파우더 52g
파인애플잼 적당량
- 파인애플 과육 350g
- 설탕 50g

PREPARATION

- 가루류는 체 쳐주세요.
- 버터는 실온에 두어 말랑하게 만들어주세요.

코크 만들기

프렌치 머랭법(p.36) 혹은 이탈리안 머랭법(p.40)을 참고하여 코크를 만듭니다.
마블 기법(반반 넣기, p.52)을 활용한 코크입니다.

파인애플잼 만들기

1
파인애플은 손질하여 과육만 발라 냅니다.

2
그중 반을 푸드푸로세서로 갈아주세요.

3
나머지 반은 칼로 잘게 다져주세요.

4
냄비에 간 파인애플, 다진 파인애플, 설탕을 넣고 중불에 올린 다음 계속 저으며 조려주세요.

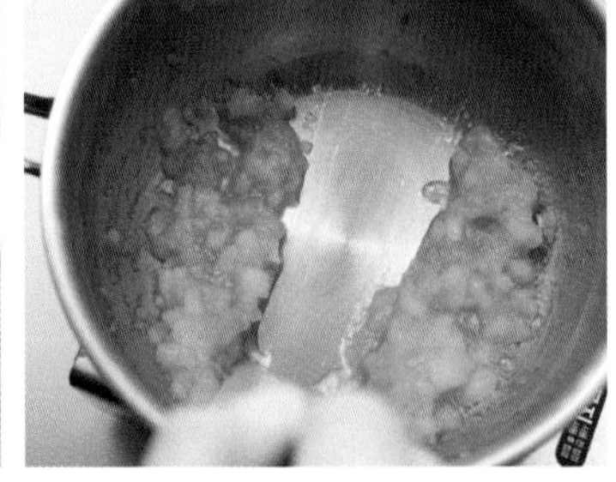

5
수분이 거의 날아가고 바닥을 주걱으로 긁었을 때 바닥면이 보일 정도로 걸쭉해지면 완성입니다.

6
식힌 후 사용합니다. 남은 것은 밀폐용기에 담아 냉장 보관합니다.

필링 만들기

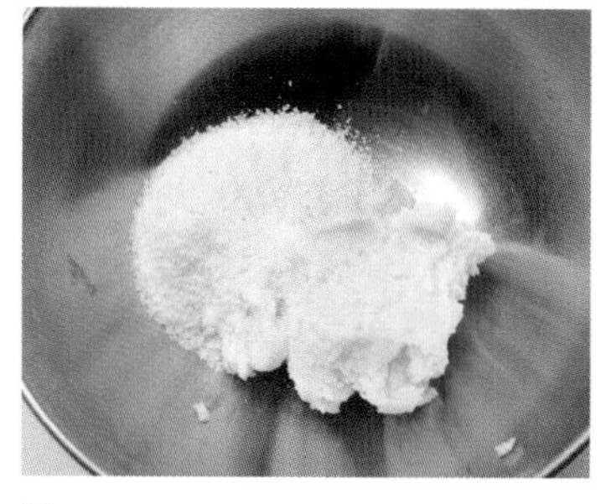

7
볼에 이탈리안 버터크림과 코코넛파우더를 넣고 핸드믹서를 중속으로 하여 잘 섞어주세요.

몽타주하기

8
807번 깍지를 끼운 짤주머니에 완성된 크림을 담고 코크 가장자리에 동그랗게 짜 올립니다.

9
가운데에 파인애플잼을 넣어 몽타주합니다.

STRAWBERRY PISTACHIO MACARON

딸기 피스타치오 마카롱

딸기와 피스타치오는 베이킹에서 자주 사용되는 조합이에요.
그만큼 달콤하고 상큼한 딸기와 고소한 피스타치오는 잘 어울리는 재료이지요.

INGREDIENTS

(약 20~25개 분량)

코크

프렌치 머랭 코크

달걀흰자 112g
설탕 96g
아몬드파우더 150g
슈거파우더 135g

이탈리안 머랭 코크

물 30g
설탕 69g
달걀흰자 A 45g
아몬드파우더 125g
슈거파우더 125g
달걀흰자 B 45g

색소

① 레드레드 1
② 리프그린 1/2
버크아이브라운 1/3

필링

파트 아 봄브 버터크림(p.80 참고) 185g
피스타치오 페이스트(시판용) 35g
딸기잼
- 딸기 150g
- 설탕 20g

장식

다진 피스타치오 적당량

PREPARATION

- 가루류는 체 쳐주세요.
- 버터는 실온에 두어 말랑하게 만들어주세요.

코크 만들기

프렌치 머랭법(p.36) 혹은 이탈리안 머랭법(p.40)을 참고하여 코크를 만듭니다. 이때, 팬닝 후 코크 윗면에 다진 피스타치오를 뿌려 건조한 다음 구워주세요.

딸기잼 만들기

1
딸기는 반으로 잘라주세요.

2
냄비에 반으로 자른 딸기와 설탕을 넣고 골고루 섞은 다음 수분이 생기도록 30분 정도 재워둡니다.

3
수분이 생기면 중불에 올려주세요.

4
주걱으로 저으며 농도가 걸쭉해질 때까지 끓여주세요.

5
차가운 물에 조금 떨어트렸을 때 퍼지지 않고 형태가 유지되면 완성입니다. 한 김 식혀 사용합니다.

필링 만들기

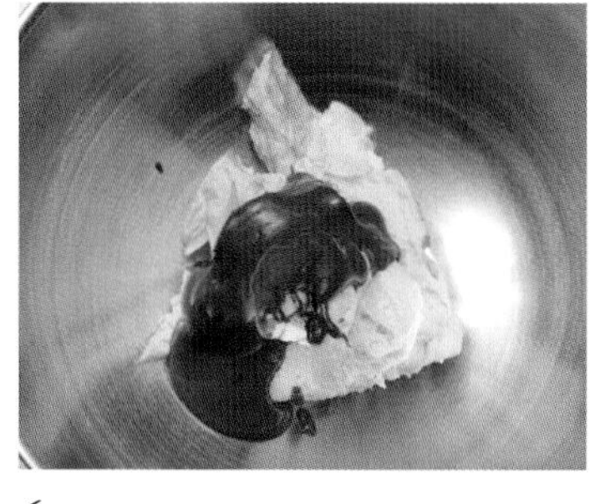

6

볼에 분량의 파트 아 봄브 버터크림과 피스타치오 페이스트를 넣어주세요.

7

핸드믹서로 잘 섞어줍니다.

몽타주하기

8

807번 깍지를 끼운 짤주머니에 완성된 크림을 담고 코크 가장자리에 동그랗게 짜 올려주세요.

9

짤주머니에 딸기잼을 넣고 끝을 약간 잘라 가운데에 짜 넣어 몽타주합니다.

Tip 피스타치오 크림만 사용해도 맛있는 피스타치오 마카롱이 완성됩니다.

Nut & Grain

MACARON

견과류 & 곡물 마카롱

MAPLE PECAN MACARON

ALMOND PRALINE MACARON

PEANUT NOUGAT MACARON

RED BEAN SESAME MACARON

CORN MACARON

BLACK SESAME MALCHA MACARON

POWDERED SOYBEAN & MUGWORT MACARON

CHESTNUT GREEN TEA MACARON

MAPLE PECAN MACARON

메이플피칸 마카롱

메이플 시럽은 비타민과 미네랄을 함유하고 있는 천연 당분이에요.
독특한 향을 가지고 있어 고소한 견과류와도 잘 어울립니다.

INGREDIENTS

(약 20~25개 분량)

코크

프렌치 머랭 코크

달걀흰자 112g
설탕 96g
아몬드파우더 150g
슈거파우더 135g
피칸분태 적당량

이탈리안 머랭 코크

물 30g
설탕 69g
달걀흰자 A 45g
아몬드파우더 125g
슈거파우더 125g
달걀흰자 B 45g
피칸분태 적당량

색소

버크아이브라운 1/2
레몬옐로우 소량

필링

파트 아 봄브 버터크림(p.80 참고) 200g
피칸분태 75g
메이플시럽 A 75g
메이플시럽 B 25g

PREPARATION

- 가루류는 체 쳐주세요.
- 버터는 실온에 두어 말랑하게 만들어주세요.

코크 만들기

프렌치 머랭법(p.36) 혹은 이탈리안 머랭법(p.40)을 참고하여 코크를 만듭니다. 이때, 팬닝 후 코크 윗면에 피칸 분태를 올려 건조한 다음 구워주세요.

필링 만들기

1
잘게 다진 피칸분태와 메이플시럽 A를 냄비에 넣고 중불에 올려 보글보글 끓여주세요.

2
충분히 끓어오르면 불에서 내리고 피칸을 오븐팬에 펼쳐주세요.

3
오븐팬에 펼친 피칸은 160℃의 오븐에서 10분 구워주세요.

4
다 구운 피칸은 완전하게 식혀 사용합니다.

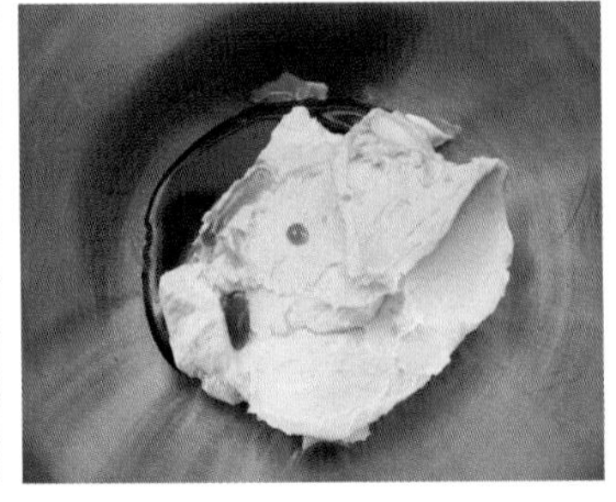

5
분량의 파트 아 봄브 버터크림에 메이플시럽 B를 넣어주세요.

6
핸드믹서로 잘 섞어주세요.

7
식힌 피칸 분태를 넣어주세요.

8
주걱으로 골고루 섞어 크림을 완성합니다.

몽타주하기

9
807번 깍지를 끼운 짤주머니에 완성된 크림을 담고 한쪽 코크에 짜 올려 몽타주합니다.

ALMOND PRALINE MACARON

아몬드 프랄린 마카롱

직접 만든 아몬드 프랄린은 맛이 굉장히 고소해요.
아몬드뿐만 아니라 다양한 견과류로도 대체하여 응용할 수 있어요.

INGREDIENTS

(약 20~25개 분량)

코크

프렌치 머랭 코크

달걀흰자 112g

설탕 96g

아몬드파우더 150g

슈거파우더 135g

이탈리안 머랭 코크

물 30g

설탕 69g

달걀흰자 A 45g

아몬드파우더 125g

슈거파우더 125g

달걀흰자 B 45g

색소

터키옥색 5

콜블랙 2

필링

파트 아 봄브 버터크림(p.80 참고) 200g

아몬드 프랄린 62g

- 통아몬드 150g
- 설탕 90g
- 소금(플뢰르 드 셀) 2g
- 물 40g

장식

에클라도르 적당량

식용 금펄 적당량

PREPARATION

- 가루류는 체 쳐주세요.
- 버터는 실온에 두어 말랑하게 만들어주세요.

코크 만들기

프렌치 머랭법(p.36) 혹은 이탈리안 머랭법(p.40)을 참고하여 코크를 만듭니다. 이때, 에클라도르에 식용 금펄을 소량 넣어 섞은 것을 코크 위에 뿌린 다음 건조하여 구워주세요.

아몬드 프랄린 만들기

1
아몬드는 170℃의 오븐에 5~7분 정도 넣어 로스팅합니다.

2
냄비에 설탕과 물을 넣고 중불에 올려 120℃까지 끓여주세요.

3
불을 끄고 냄비에 로스팅한 아몬드를 넣어주세요.

4
나무주걱으로 저으며 결정화를 시켜주세요.

5
전체적으로 결정화가 되면 불을 켜고 약불에서 캐러멜화시킵니다.

6

캐러멜화가 된 아몬드를 불에서 내리고 테프론시트에 펼쳐 완전히 식혀주세요.

7

식힌 아몬드와 소금을 푸드프로세서에 넣고 곱게 갈아주세요.

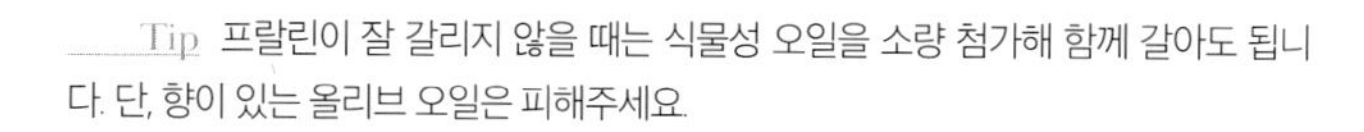

Tip 프랄린이 잘 갈리지 않을 때는 식물성 오일을 소량 첨가해 함께 갈아도 됩니다. 단, 향이 있는 올리브 오일은 피해주세요.

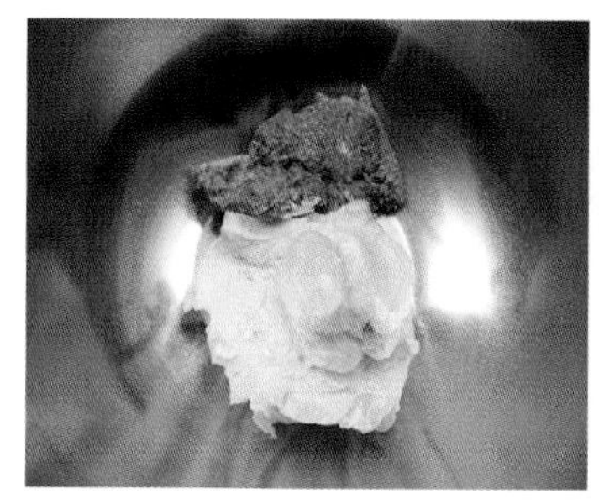

8

분량의 파트 아 봄브 버터크림에 곱게 갈아놓은 아몬드 프랄린을 넣고 핸드믹서로 섞어주세요.

몽타주하기

9

807번 깍지를 끼운 짤주머니에 완성된 크림을 담고 한쪽 코크에 짜 올려 몽타주합니다.

PEANUT NOUGAT MACARON

피넛 누가 마카롱

누가는 설탕과 꿀 등에 말린 과일이나 견과류를 넣어 만드는 유럽의 디저트입니다.
주로 크리스마스에 많이 먹는데 들어가는 견과류에 따라 다양한 느낌의 누가를 만들 수 있어요.

INGREDIENTS

(약 20~25개 분량)

코크

프렌치 머랭 코크

달걀흰자 112g
설탕 96g
아몬드파우더 150g
슈거파우더 135g

이탈리안 머랭 코크

물 30g
설탕 69g
달걀흰자 A 45g
아몬드파우더 125g
슈거파우더 125g
달걀흰자 B 45g

색소

티얼그린 3
민트그린 3

필링

설탕 A 135g
물엿 185g
달걀흰자 30g
설탕 B 5g
땅콩분태 60g

PREPARATION

- 가루류는 체 쳐주세요.
- 버터는 실온에 두어 말랑하게 만들어주세요.
- 땅콩분태는 160℃ 오븐에서 7~8분간 구워주세요.

코크 만들기

프렌치 머랭법(p.36) 혹은 이탈리안 머랭법(p.40)을 참고하여 코크를 만듭니다.

필링 만들기

1
냄비에 설탕 A와 물엿을 넣고 중불에 올려 시럽을 만듭니다. 150℃가 될 때까지 젓지 말고 끓여주세요.

2
150℃가 되면 불에서 내립니다.

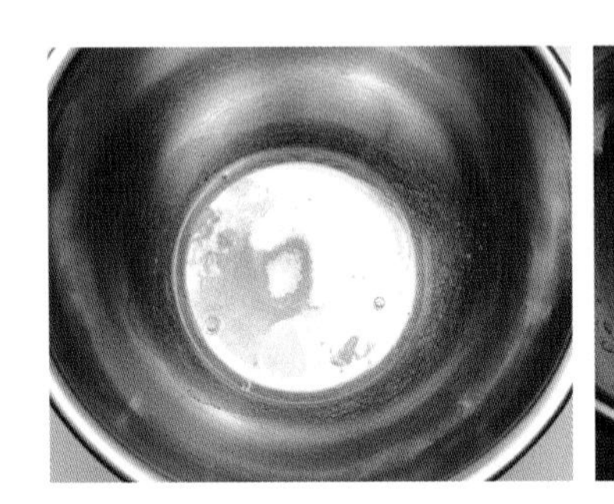

3
다른 볼에 달걀흰자와 설탕 B를 넣고 핸드믹서를 중속으로 하여 기포를 풍성하게 올려주세요.

4
150℃까지 끓어오른 **2**의 시럽을 **3**에 조금씩 넣어가며 핸드믹서를 고속으로 올려 휘핑해주세요.

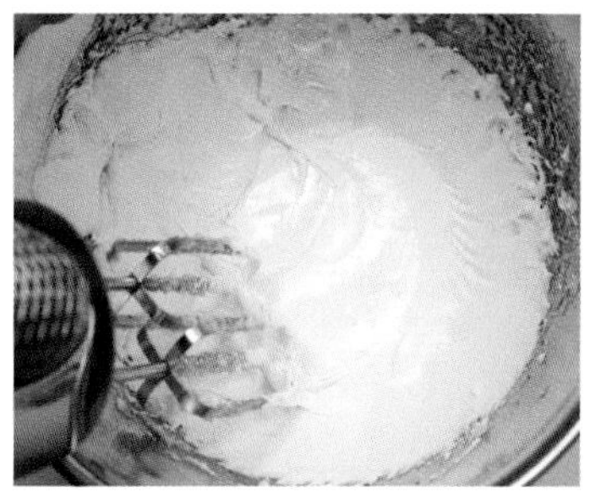

5

시럽이 다 들어가면 중속으로 바꿔 누가가 식을 때까지 휘핑해주세요.

몽타주하기

6

806번 깍지를 끼운 짤주머니에 완성된 필링을 담아 한쪽 코크에 짜 올리고 땅콩분태를 뿌린 후 몽타주합니다.

RED BEAN SESAME MACARON

레드빈 세서미 마카롱

어른들을 위한 마카롱이에요.
달콤한 팥앙금과 고소한 참깨, 흑임자가 톡톡 터지며 입 안 가득 고소함으로 꽉 찬답니다.

INGREDIENTS

(약 20~25개 분량)

코크

프렌치 머랭 코크

달걀흰자 112g
설탕 96g
아몬드파우더 150g
슈거파우더 135g
참깨 적당량
검은깨 적당량

이탈리안 머랭 코크

물 30g
설탕 69g
달걀흰자 A 45g
아몬드파우더 125g
슈거파우더 125g
달걀흰자 B 45g
참깨 적당량
검은깨 적당량

색소

화이트 5

필링

이탈리안 버터크림(p.78 참고) 200g
팥앙금 125g
- 적두 200g
- 설탕 170g
- 소금 1ts

PREPARATION

- 가루류는 체 쳐주세요.
- 버터는 실온에 두어 말랑하게 만들어주세요.

코크 만들기

프렌치 머랭법(p.36) 혹은 이탈리안 머랭법(p.40)을 참고하여 코크를 만듭니다. 이때, 팬닝 후 코크 윗면에 참깨와 검은깨를 뿌린 다음 건조하여 구워주세요.

팥앙금 만들기

1
흐르는 물에 팥을 씻은 후 물에 하루 정도 불려주세요.

2
불린 팥을 냄비에 담고 팥이 잠길 정도로 물을 넣은 다음 불에 올려주세요.

3
물이 끓어오르면 물을 한 번 버린 후 다시 팥이 잠길 정도로 물을 넣고 센 불에 올려 팥을 삶아주세요.

Tip 처음 삶은 물을 버려주면 팥의 떫은 맛을 없앨 수 있어요.

4
중간중간 핸드블렌더로 팥을 으깨주세요.

5
계속해서 삶아 수분을 날립니다.

6
사진과 같이 수분이 날아가면 중불로 줄이고 설탕과 소금을 넣은 다음 주걱으로 섞어주세요.

7
원하는 농도가 될 때까지 중불에서 수분을 날리며 섞어주세요.

Tip 마카롱 필링으로 사용되는 팥앙금은 수분을 충분히 날리는 게 좋아요. 식으면 조금 더 단단해집니다.

8
포슬한 상태가 되면 불을 끄고 한김 식힌 후 밀폐용기에 담아 냉장 보관합니다.

필링 만들기

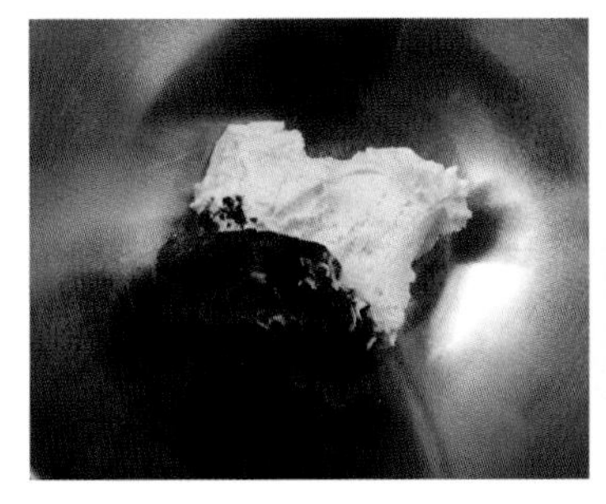

9
볼에 분량의 이탈리안 버터크림과 팥앙금을 넣어주세요.

10
핸드믹서로 부드럽게 풀어 섞어주세요.

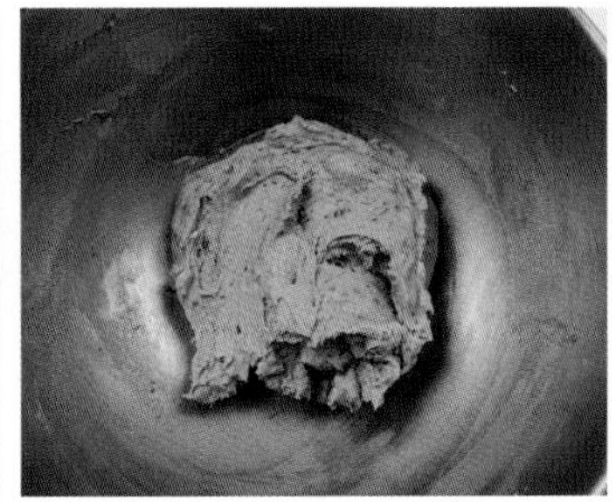

11
완성된 필링은 주걱으로 정리합니다.

몽타주하기

12
806번 깍지를 끼운 짤주머니에 완성된 크림을 담고 한쪽 코크에 짜 올려 몽타주합니다.

CORN MACARON

옥수수 마카롱

쫀득하게 씹히는 옥수수 알갱이가 매력적인 마카롱입니다.
부드러운 크림과 옥수수 페이스트가 만나
마치 달콤한 옥수수 아이스크림을 먹는 듯한 느낌이에요.

INGREDIENTS

(약 20~25개 분량)

코크

프렌치 머랭 코크

달걀흰자 112g
설탕 96g
아몬드파우더 150g
슈거파우더 135g

이탈리안 머랭 코크

물 30g
설탕 69g
달걀흰자 A 45g
아몬드파우더 125g
슈거파우더 125g
달걀흰자 B 45g

색소

① 네온브라이트옐로우 5
② 네온브라이트그린 3
포레스트그린 1

필링

이탈리안 버터크림(p.78 참고) 200g
옥수수 페이스트 105g
- 옥수수(통조림) 260g
- 물 75g
- 설탕 45g

옥수수 적당량(통조림, 물기 뺀 것)

PREPARATION

- 가루류는 체 쳐주세요.
- 버터는 실온에 두어 말랑하게 만들어주세요.

코크 만들기

프렌치 머랭법(p.36) 혹은 이탈리안 머랭법(p.40)을 참고하여 코크를 만듭니다.

옥수수 페이스트 만들기

1
옥수수는 체에 밭쳐 물기를 없애주세요.

2
물기를 뺀 옥수수와 물, 설탕을 푸드프로세서에 넣고 갈아주세요.

3
2를 체에 걸러 볼에 담아주세요. 이때 주걱으로 눌러가며 거릅니다.

4
걸러 내린 것을 냄비로 옮긴 다음 중불에 올려 눌어붙지 않게 주걱으로 저어가며 끓여주세요.

5
한 번 끓어오르면 약불로 줄이고 계속 주걱으로 저어가며 졸여주세요. 되직해지면 불에서 내려 식힙니다.

필링 만들기

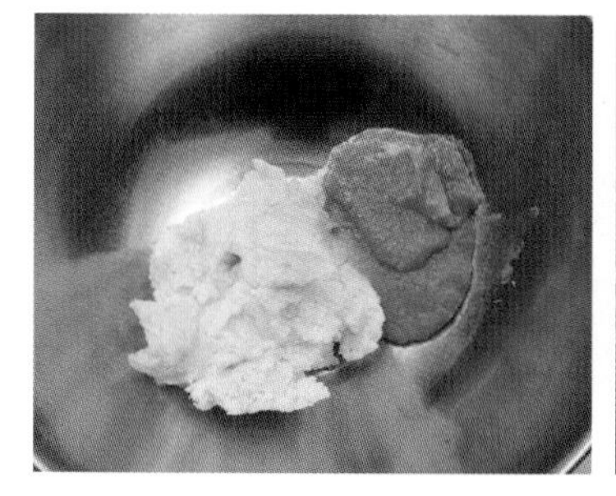

6
볼에 완전히 식힌 5와 버터크림을 담아주세요.

7
핸드믹서로 골고루 섞이도록 휘핑합니다.

옥수수 굽기

8
물기를 없앤 옥수수를 테프론시트를 깐 오븐팬에 펼치고 150℃의 오븐에 넣어 5분 정도 구워주세요.

몽타주하기

9
807번 깍지를 끼운 짤주머니에 완성된 크림을 담고 한쪽 코크에 짜 올립니다.

10
가운데에 구운 옥수수 알갱이를 적당히 올려 몽타주합니다.

BLACK SESAME MALCHA MACARON

흑임자 말차 마카롱

말차 잎에 함유된 비타민 A, 토코페롤, 섬유질 등은
잎차로 마실 경우 40% 정도 섭취 가능하지만, 말차로는 100% 섭취가 가능하다고 해요.
말차의 향긋함과 흑임자의 고소함이 더해져 건강한 맛이 느껴지는 마카롱입니다.

INGREDIENTS

(약 20~25개 분량)

코크

프렌치 머랭 코크

달걀흰자 112g
설탕 96g
아몬드파우더 150g
슈거파우더 135g

이탈리안 머랭 코크

물 30g
설탕 69g
달걀흰자 A 45g
아몬드파우더 125g
슈거파우더 125g
달걀흰자 B 45g

색소

티얼그린 5
콜블랙 1

필링

흑임자 크림

- 파트 아 봄브 버터크림(p.80 참고) 120g
- 흑임자 페이스트(시판용) 46g

말차 크림

- 파트 아 봄브 버터크림(p.80 참고) 120g
- 말차가루 6g

PREPARATION

- 가루류는 체 쳐주세요.
- 버터는 실온에 두어 말랑하게 만들어주세요.

코크 만들기

프렌치 머랭법(p.36) 혹은 이탈리안 머랭법(p.40)을 참고하여 코크를 만듭니다.

흑임자 크림 만들기

1
볼에 분량의 파트 아 봄브 버터크림과 흑임자 페이스트를 넣어주세요.

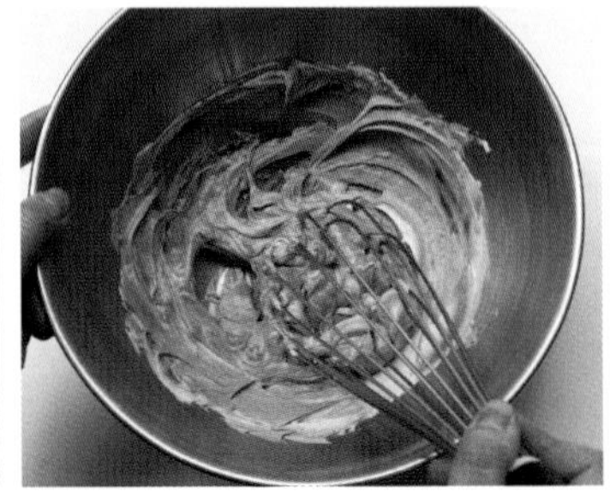

2
거품기로 섞어 흑임자 크림을 만듭니다.

말차 크림 만들기

3
다른 볼에 분량의 파트 아 봄브 버터크림과 말차가루를 넣어주세요.

4
거품기로 섞어 말차 크림을 만듭니다.

5
완성된 2개의 크림을 803번 깍지를 끼운 짤주머니에 각각 담아 준비합니다.

몽타주하기

6

크림을 하나씩 번갈아가며 짜 올린 후 몽타주합니다.

Tip 각 크림을 담은 짤주머니를 큰 짤주머니에 같이 담아 짜면 또 다른 모양으로 완성됩니다.

POWDERED SOYBEAN & MUGWORT MACARON

콩고물 쑥인절미 마카롱

고소한 콩고물과 향긋한 쑥가루, 그리고 쫄깃하게 씹히는 인절미의 식감이
조화롭게 어울리는 마카롱이에요. 아이와 어른 모두 좋아할 만한 맛입니다.

INGREDIENTS

(약 20~25개 분량)

코크

프렌치 머랭 코크

달걀흰자 112g
설탕 96g
아몬드파우더 150g
슈거파우더 135g

이탈리안 머랭 코크

물 30g
설탕 69g
달걀흰자 A 45g
아몬드파우더 125g
슈거파우더 125g
달걀흰자 B 45g

색소

① 네온브라이트그린 3
② 딥핑크 소량

필링

파트 아 봄브 버터크림(p.80 참고) 200g
쑥가루 13g
콩가루 13g
인절미 적당량

PREPARATION

- 가루류는 체 쳐주세요.
- 버터는 실온에 두어 말랑하게 만들어주세요.

코크 만들기

프렌치 머랭법(p.36) 혹은 이탈리안 머랭법(p.40)을 참고하여 코크를 만듭니다.

필링 만들기

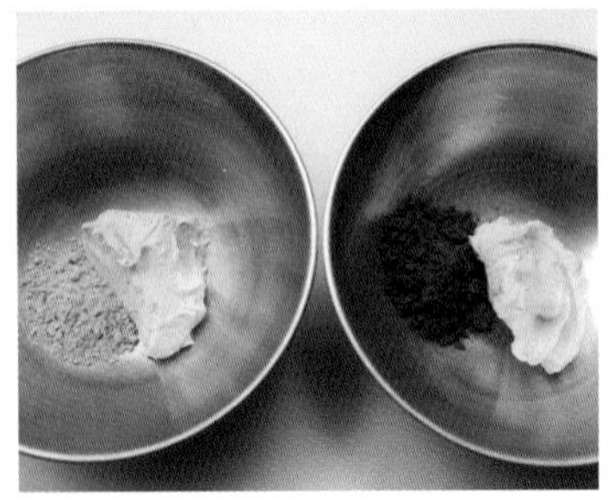

1
파트 아 봄브 버터크림을 100g씩 나누어 2개의 볼에 담고 각 볼에 쑥가루와 콩가루를 넣어주세요.

2
각 볼의 버터크림과 가루가 잘 섞이도록 거품기로 섞어줍니다.

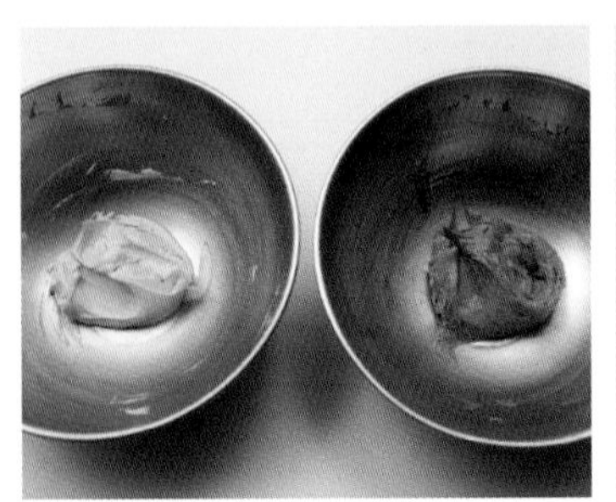

3
골고루 잘 섞였다면 주걱으로 크림을 정리합니다.

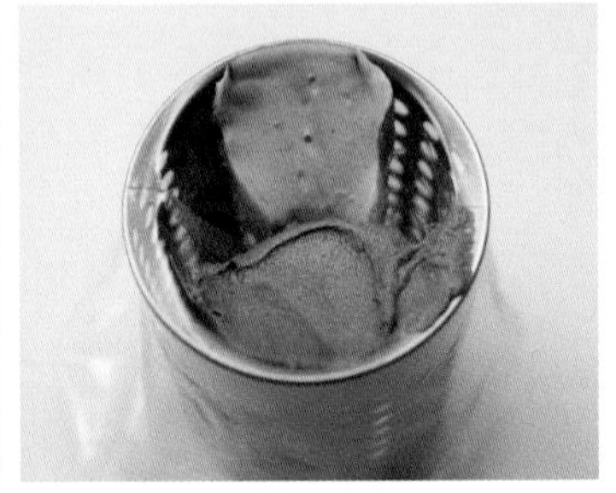

4
완성된 크림은 867번 팁을 끼운 짤주머니에 번갈아 담아주세요.

몽타주하기

5
크림을 한쪽 코크에 동그랗게 짜 올려주세요.

6
적당한 크기로 자른 인절미를 콩고물에 묻힌 다음 가운데에 올려 몽타주합니다.

Tip 버터크림에 쑥가루나 콩가루 한 가지만 사용해도 각각의 맛이 잘 나타나는 맛있는 마카롱으로 완성할 수 있어요. 쑥 마카롱, 콩가루 마카롱으로도 응용해보세요.

CHESTNUT GREEN TEA MACARON

밤녹차 마카롱

밤과 녹차가 어우러져 가을을 연상케 하는 맛이에요. 달콤한 보늬밤이 들어가 식감을 재미있게 해주고 럼의 향이 풍미를 더해주는 고급스러운 마카롱입니다.

INGREDIENTS

(약 20~25개 분량)

코크

프렌치 머랭 코크

달걀흰자 112g
설탕 96g
아몬드파우더 150g
슈거파우더 135g
녹차가루 7g

이탈리안 머랭 코크

물 30g
설탕 69g
달걀흰자 A 45g
아몬드파우더 125g
슈거파우더 125g
달걀흰자 B 45g
녹차가루 5g

색소

① 포레스트그린 3
네온옐로우 1
버크아이브라운 1
② 버크아이브라운 2
블랙 1
레드레드 1

필링

파트 아 봄브 버터크림(p.80 참고) 85g
밤 페이스트(시판용) 170g
골드럼 5g
보늬밤 적당량
- 밤 1kg
- 베이킹파우더 3ts
- 황설탕 400g
- 간장 3ts
- 럼 3ts

PREPARATION

- 가루류는 체 쳐주세요.
- 버터는 실온에 두어 말랑하게 만들어주세요.

코크 만들기

프렌치 머랭법(p.36) 혹은 이탈리안 머랭법(p.40)을 참고하여 코크를 만듭니다. 초록색과 보라색의 코크를 한 쌍으로 합니다. 이때 초록색 코크는 가루류를 합칠 때 녹차가루를 추가하여 만들어주세요.

보늬밤 만들기

1
따뜻한 물에 밤을 10분 정도 담가 두었다가 속껍질이 상하지 않도록 겉껍질을 벗겨낸 후, 질긴 심과 털을 깨끗이 제거합니다. 이때 껍질을 제거한 밤의 무게를 확인합니다.

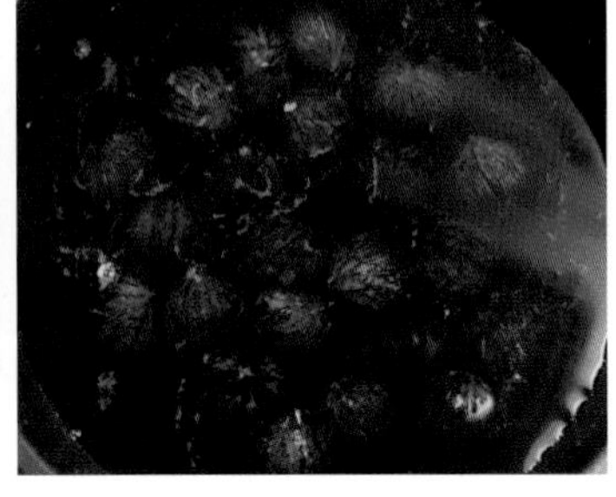

2
밤을 담은 용기에 물을 밤이 잠기게 넣고, 베이킹파우더를 추가하여 12시간 정도 담가둡니다. 밤의 텁텁함을 제거하기 위한 과정입니다.

3
그대로 냄비에 옮겨 30분간 끓여주세요. 끓어오를 때 생기는 거품을 제거해줍니다.

4
끓어오르면 거품을 제거하고, 찬물에 헹구어 낸 다음 깨끗한 물을 받아 다시 끓이는 작업을 3회 반복합니다.

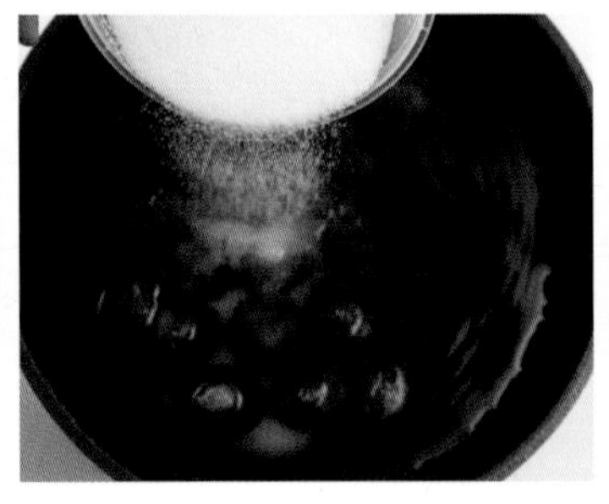

5
세 번째 끓일 때 밤의 무게를 잰 다음, 밤 무게의 40~60% 정도 양의 설탕을 넣고 물이 잠기게끔 물을 부은 다음 중불에 올려 틈틈이 저어가며 졸여줍니다.

6
물이 반 정도 졸아들 때까지 끓여주세요.

7
반 정도 졸아들면 간장과 럼을 넣고 10분 정도 더 끓인 후 불에서 내립니다.

Tip 보늬밤은 열탕 소독한 유리병에 넣어 냉장 보관합니다. 유통기한은 2~3개월입니다.

필링 만들기

8
밤 페이스트는 주걱으로 눌러가며 체에 내려주세요.

9
덩어리 없이 부드럽게 풀어줍니다.

10
9에 골드럼과 버터크림의 1/3 양을 넣어주세요.

11
핸드믹서로 골고루 섞어주세요.

12
매끄럽게 섞이면 나머지 버터크림을 모두 넣고 핸드믹서로 충분히 휘핑하여 사용합니다.

몽타주하기

13

806번 깍지를 끼운 짤주머니에 완성된 크림을 담고 코크 가장자리에 동그랗게 짜 올립니다.

14

가운데에 작게 자른 보늬밤을 넣어 몽타주합니다.

Chocolate

—

MACARON

초콜릿 마카롱

MINT CHOCOCHIP MACARON

CHOCOLATE MILK MACARON

FORET NOIRE MACARON

YUZU BLANC MACARON

RASPBERRY CHOCOLATE MACARON

HAZELNUT CHOCOLATE MACARON

MALCHA CHOCOLATE MACARON

DARK CHOCOLATE MACARON

MINT CHOCOCHIP MACARON

민트초코칩 마카롱

민트 향이 들어간 디저트는 호불호가 있어요.
입 안을 시원하게 해주는 민트 향이 개운한 느낌을 주는 마카롱이에요.

INGREDIENTS

(약 20~25개 분량)

코크

프렌치 머랭 코크

달걀흰자 112g
설탕 96g
아몬드파우더 150g
슈거파우더 135g

이탈리안 머랭 코크

물 30g
설탕 69g
달걀흰자 A 45g
아몬드파우더 125g
슈거파우더 125g
달걀흰자 B 45g

색소

① 스카이블루 2
레몬옐로우 1/2
② 콜블랙 소량

필링

이탈리안 버터크림(p.78 참고) 200g
다크초콜릿 85g
민트아롬 8방울
색소(민트그린) 소량

PREPARATION

- 가루류는 체 쳐주세요.
- 버터는 실온에 두어 말랑하게 만들어주세요.

코크 만들기

프렌치 머랭법(p.36) 혹은 이탈리안 머랭법(p.40)을 참고하여 코크를 만듭니다.
마블 기법(번갈아 넣기, p.54)을 활용한 코크입니다.

필링 만들기

1
칼로 다크초콜릿을 잘게 다져주세요.

2
볼에 이탈리안 버터크림과 잘게 다진 다크초콜릿을 넣어주세요.

3
거품기로 골고루 섞어주세요.

4
3에 민트아롬을 8방울 넣고 골고루 섞어주세요.

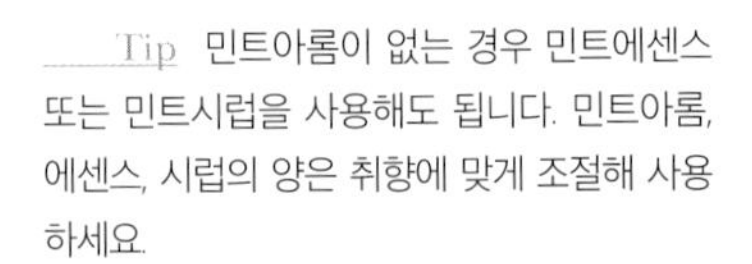

Tip 민트아롬이 없는 경우 민트에센스 또는 민트시럽을 사용해도 됩니다. 민트아롬, 에센스, 시럽의 양은 취향에 맞게 조절해 사용하세요.

5
민트아롬을 섞은 뒤 민트색 색소를 넣고 거품기로 섞어주세요.

몽타주하기

6

807번 깍지를 끼운 짤주머니에 완성된 크림을 담고 코크에 동그랗게 짜 올려 몽타주합니다.

CHOCOLATE MILK MACARON

초코우유 마카롱

다크초콜릿과 코코아파우더를 사용해
진하고 부드러운 초코우유의 맛을 표현해보았어요.
꾸덕한 가나슈를 한 번 더 넣어 진하고 부드럽게 완성한 초콜릿 크림은 어린아이들이 좋아해요.

INGREDIENTS

(약 20~25개 분량)

코크

프렌치 머랭 코크

달걀흰자 112g
설탕 96g
아몬드파우더 150g
슈거파우더 135g
코코아파우더 10g

이탈리안 머랭 코크

물 30g
설탕 69g
달걀흰자 A 45g
아몬드파우더 125g
슈거파우더 125g
달걀흰자 B 45g
코코아파우더 10g

색소

① 바이올렛 2
버크아이브라운 4
콜블랙 1
② 화이트 소량

필링

파트 아 봄브 버터크림(p.80 참고) 180g
다크초콜릿 35g
코코아파우더 9g
가나슈
- 다크초콜릿 65g
- 생크림 60g

PREPARATION

- 가루류는 체 쳐주세요.
- 버터는 실온에 두어 말랑하게 만들어주세요.

코크 만들기

프렌치 머랭법(p.36) 혹은 이탈리안 머랭법(p.40)을 참고하여 코크를 만듭니다.
마블 기법(색소 섞기, p.56)을 활용한 코크입니다.

가나슈 만들기

1
냄비에 생크림을 담아 중불에 올린 다음 가장자리가 끓어오르면 불에서 내려주세요.

2
볼에 초콜릿을 담고 **1**을 넣어주세요.

3
주걱으로 가운데부터 원을 그리며 저어주세요.

4
생크림과 초콜릿이 매끄럽게 섞이면 됩니다.

5
그대로 실온에 30분 정도 두어 굳힙니다.

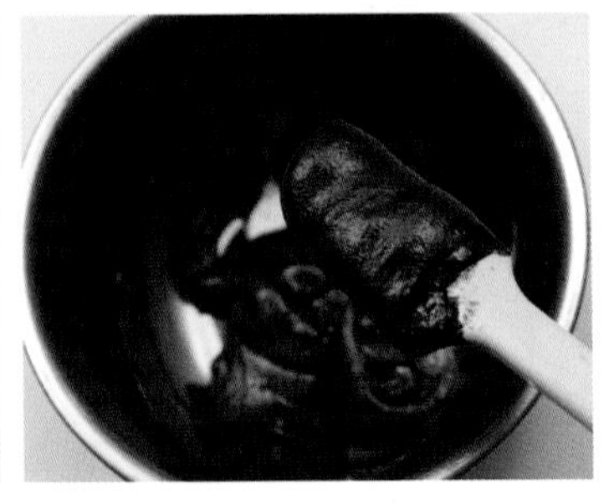

6
주걱으로 떠보았을 때 흐르지 않을 정도로 적당히 굳으면 사용합니다.

필링 만들기

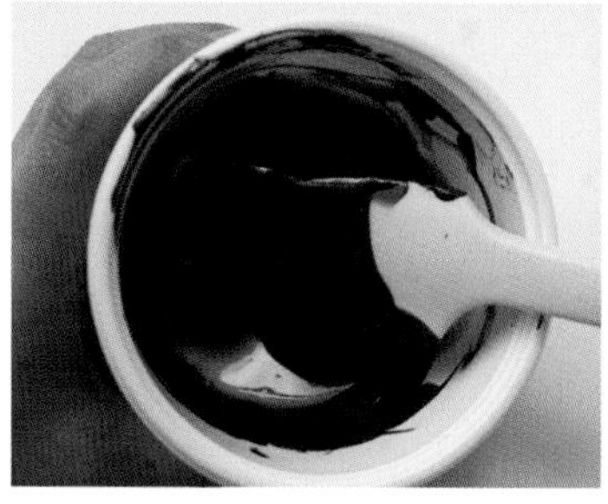

7
다크초콜릿은 전자레인지에 돌리거나 중탕하여 녹여 준비합니다.

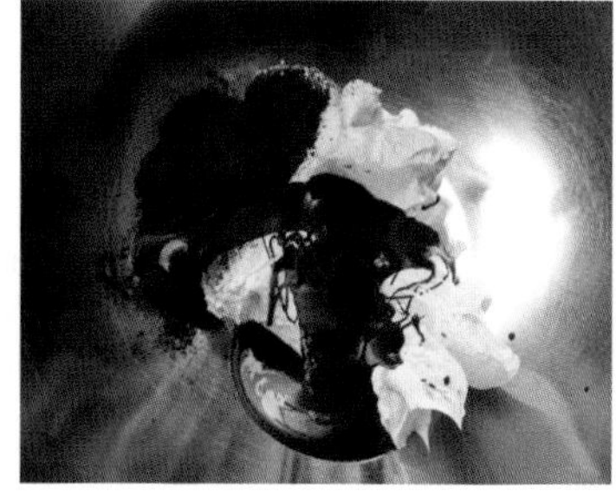

8
볼에 분량의 버터크림, 코코아파우더, 30℃ 이하로 식힌 **7**을 넣어주세요.

9
핸드믹서로 잘 섞어주세요.

몽타주하기

10
807번 깍지를 끼운 짤주머니에 완성된 크림을 담고 코크 가장자리에 동그랗게 짜 올려주세요.

11
짤주머니에 가나슈를 넣고 끝을 약간 자른 후 가운데에 짜 넣어 몽타주합니다.

FOREET NOIRE MACARON

포레누아 마카롱

포레누아(foret noire)란 '검은 숲'이란 뜻으로 독일의 전통 체리 초콜릿 케이크예요.
블랙 포레스트 케이크, 슈바르츠밸더 키르쉬토르테라고 불리기도 합니다.

INGREDIENTS

(약 20~25개 분량)

코크

프렌치 머랭 코크

달걀흰자 112g
설탕 96g
아몬드파우더 150g
슈거파우더 135g

이탈리안 머랭 코크

물 30g
설탕 69g
달걀흰자 A 45g
아몬드파우더 125g
슈거파우더 125g
달걀흰자 B 45g

색소

① 버건디와인 6
스카이블루 1/3
② 버건디와인 6
스카이블루 3
네온브라이트옐로우 1

필링

다크초콜릿 200g
생크림 68g
체리퓌레 87g
무염버터 37g

PREPARATION

- 가루류는 체 쳐주세요.
- 버터는 실온에 두어 말랑하게 만들어주세요.
- 다크초콜릿은 중탕하여 반 정도 녹여주세요.

코크 만들기

프렌치 머랭법(p.36) 혹은 이탈리안 머랭법(p.40)을 참고하여 코크를 만듭니다.

필링 만들기

1
냄비에 생크림과 체리퓌레를 넣고 중불에 올려주세요.

2
냄비의 가장자리가 끓어오를 때까지 데운 다음 불에서 내립니다.

3
2를 볼에 옮겨 담아주세요.

4
다크초콜릿을 중탕하여 녹인 다음 **3**에 넣고 핸드블렌더로 유화시켜 주세요.

5
4를 35~40℃로 식힌 다음 버터를 넣고 섞어주세요.

6
실온에 잠시 두어 식혀주세요. 주걱으로 떠보았을 때 흐르지 않을 정도로 굳혀 사용합니다.

몽타주하기

7

적당한 농도로 굳은 가나슈는 806번 깍지를 끼운 짤주머니에 담아 코크에 짜 올려 몽타주합니다.

YUZU BLANC MACARON

유자블랑 마카롱

유자는 비타민 C를 다량 함유하고 있어요. 달콤한 화이트 초콜릿과 새콤한 유자를 함께 사용해 피로 회복에 좋을 것만 같은 마카롱이 완성되었어요.

INGREDIENTS

(약 20~25개 분량)

코크

프렌치 머랭 코크

달걀흰자 112g
설탕 96g
아몬드파우더 150g
슈거파우더 135g

이탈리안 머랭 코크

물 30g
설탕 69g
달걀흰자 A 45g
아몬드파우더 125g
슈거파우더 125g
달걀흰자 B 45g

색소

① 화이트 5
② 레몬옐로우 3

필링

화이트초콜릿 220g
생크림 70g
유자 퓌레 38g

PREPARATION

- 가루류는 체 쳐주세요.
- 버터는 실온에 두어 말랑하게 만들어주세요.
- 화이트초콜릿은 중탕하여 반 정도 녹여주세요.

코크 만들기

프렌치 머랭법(p.36) 혹은 이탈리안 머랭법(p.40)을 참고하여 코크를 만듭니다.

필링 만들기

1
냄비에 생크림과 유자 퓌레를 넣고 중불에 올려주세요. 가장자리가 끓어오를 때까지 데운 다음 불에서 내립니다.

2
볼에 중탕한 화이트초콜릿을 담고 **1**을 넣어주세요.

3
핸드블렌더로 섞어 유화시킵니다.

4
실온에 잠시 두어 굳힙니다. 주걱으로 떠보았을 때 주르륵 흐르지 않고 뚝뚝 떨어지는 정도로 굳으면 사용합니다.

몽타주하기

5

적당한 농도로 굳은 가나슈는 867번 팁을 끼운 짤주머니에 담아 한쪽 코크에 짜 올려 몽타주합니다.

RASPBERRY CHOCOLATE MACARON

라즈베리 초콜릿 마카롱

입 안 가득 달콤하게 퍼지는 초콜릿과 상큼한 라즈베리의 향이 사랑스러운 마카롱이에요.
밸런타인데이 선물로도 좋습니다.

INGREDIENTS

(약 20~25개 분량)

코크

프렌치 머랭 코크

달걀흰자 112g
설탕 96g
아몬드파우더 150g
슈거파우더 135g

이탈리안 머랭 코크

물 30g
설탕 69g
달걀흰자 A 45g
아몬드파우더 125g
슈거파우더 125g
달걀흰자 B 45g

색소

버건디와인 2
레드레드 3
베이커스로즈 8

필링

밀크초콜릿 220g
라즈베리 퓌레 95g
무염버터 30g
라즈베리 리큐어 6g

장식

화이트초콜릿 100g
물엿 50g
초콜릿용 색소(화이트) 3g
초콜릿용 색소(노란색) 소량

PREPARATION

- 가루류는 체 쳐주세요.
- 버터는 실온에 두어 말랑하게 만들어주세요.
- 밀크초콜릿은 중탕하여 반 정도 녹여주세요.

코크 만들기

프렌치 머랭법(p.36) 혹은 이탈리안 머랭법(p.40)을 참고하여 코크를 만듭니다.

필링 만들기

1
냄비에 라즈베리 퓌레를 넣고 중불에 올려주세요. 냄비의 가장자리가 끓어오를 때까지 데운 다음 불에서 내립니다.

2
볼에 중탕한 밀크초콜릿을 담은 다음 **1**을 넣고 주걱으로 섞어 유화시킵니다.

3
초콜릿과 생크림이 매끄럽게 섞이고 온도가 30℃ 정도가 되면 실온의 버터와 라즈베리 리큐어를 넣고 섞어주세요.

4
주걱으로 떠보았을 때 주르륵 흐르지 않고 적당한 농도가 되도록 실온에 두어 굳힙니다.

몽타주하기

5
적당한 농도로 만든 가나슈를 807번 깍지를 끼운 짤주머니에 담고 한쪽 코크에 짜 올려 몽타주합니다.

장식용 초콜릿 만들기

6
화이트초콜릿을 전자레인지에 돌리거나 중탕하여 녹인 다음 40℃ 이하로 만들어 주세요.

7
6에 물엿을 넣고 섞어주세요.

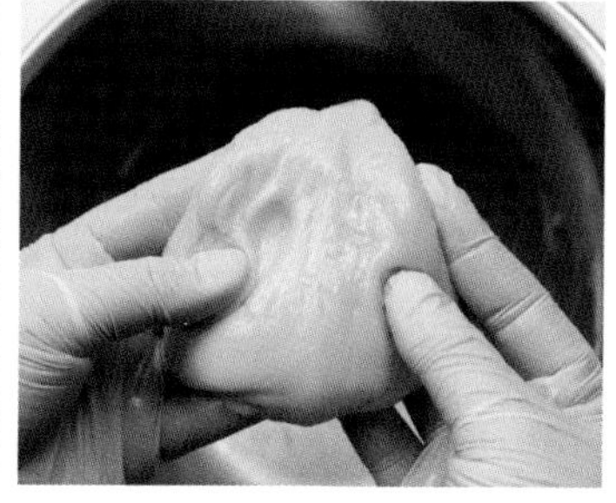

8
주걱으로 섞은 후 손으로 초콜릿 반죽을 매끄럽게 주물러주세요.

9
손으로 반죽을 짜서 카카오 버터를 짜냅니다.

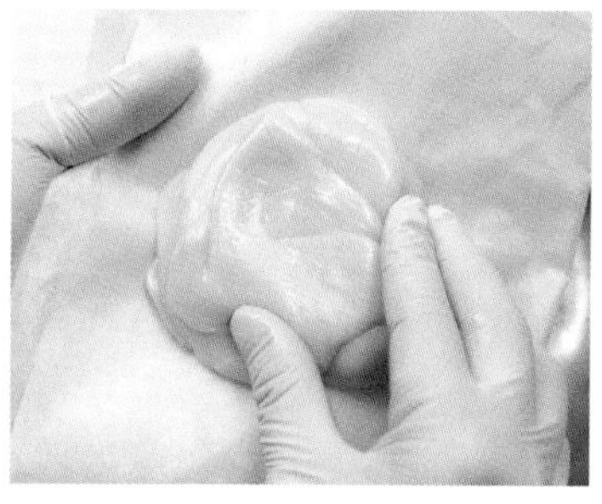

10
카카오 버터를 모두 짜낸 초콜릿 반죽을 종이 포일로 가볍게 닦아주세요.

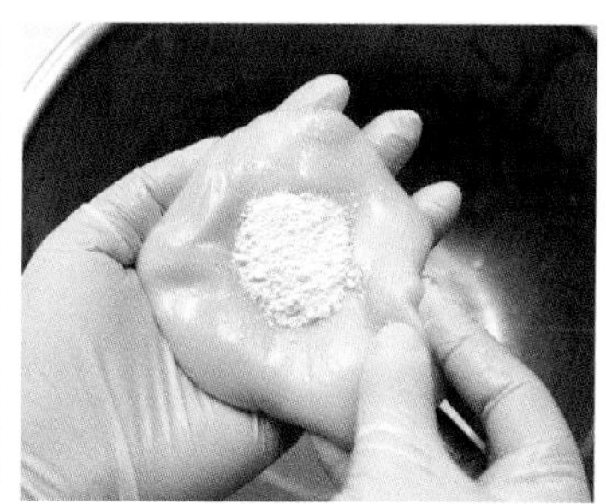

11
초콜릿용 화이트 색소를 넣고 잘 주물러 한 덩어리로 뭉쳐주세요.

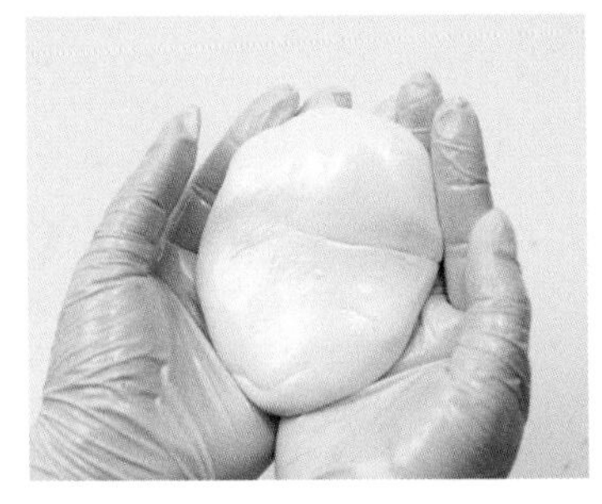

12
지퍼백에 넣어 납작하게 만든 후 24시간 냉장 휴지합니다.

13
완성된 초콜릿 중 일부를 떼어 노란색 색소로 뭉쳐주세요. 노란색 초콜릿, 흰색 초콜릿, 플린저커터(데이지커터), 밀대를 준비합니다.

14
초콜릿을 밀대로 밀어 3mm 정도로 얇게 만들어주세요.

15
플린저커터로 찍어주세요.

16
노란색 색소로 만든 초콜릿을 조금씩 떼어 꽃술을 만들어줍니다.

장식하기

17
코크 윗면에 녹인 초콜릿을 살짝 묻히고 장식용 초콜릿을 올려 완성합니다.

HAZELNUT CHOCOLATE MACARON

헤이즐넛 쇼콜라 마카롱

다크초콜릿에 고소하게 씹히는 헤이즐넛이 매력적인 마카롱입니다.
초콜릿 마카롱을 조금 더 고급스럽게 변형한 것으로 선물로도 손색없어요.

INGREDIENTS

(약 20~25개 분량)

코크

프렌치 머랭 코크

달걀흰자 112g
설탕 96g
아몬드파우더 150g
슈거파우더 135g
통헤이즐넛 적당량

이탈리안 머랭 코크

물 30g
설탕 69g
달걀흰자 A 45g
아몬드파우더 125g
슈거파우더 125g
달걀흰자 B 45g
통헤이즐넛 적당량

색소

버크아이브라운 5
콜블랙 2

필링

다크초콜릿 220g
생크림 200g
헤이즐넛 파우더 58g

PREPARATION

- 가루류는 체 쳐주세요.
- 버터는 실온에 두어 말랑하게 만들어주세요.
- 통헤이즐넛은 식칼로 반으로 잘라주세요.

코크 만들기

프렌치 머랭법(p.36) 혹은 이탈리안 머랭법(p.40)을 참고하여 코크를 만듭니다. 이때, 팬닝 후 코크 윗면에 반으로 자른 통헤이즐넛을 올린 다음 건조하여 구워주세요.

필링 만들기

1
헤이즐넛 파우더는 150℃의 오븐에 넣어 10분 구운 후 식혀주세요.

2
냄비에 생크림을 넣고 중불에 올려주세요. 냄비의 가장자리가 끓어오를 때까지 가열한 후 불에서 내립니다.

3
볼에 다크 초콜릿을 담고 **2**를 부은 다음 핸드블렌더로 섞어주세요.

4
생크림과 초콜릿이 매끄럽게 어우러질 때까지 섞어줍니다.

5
생크림과 초콜릿이 매끄럽게 섞이면 헤이즐넛 파우더를 넣어주세요.

6
주걱을 이용해 골고루 섞습니다.

7
실온에 두어 굳힙니다. 주걱으로 떴을 때 꾸덕한 농도가 될 때까지 굳혀주세요.

몽타주하기

8
완성된 크림은 807번 깍지를 끼운 짤주머니에 담고 한쪽 코크에 짜 올려 몽타주합니다.

MALCHA CHOCOLATE MACARON

말차초콜릿 마카롱

한 입 베어 물면 입 안에서 눈 녹듯 사라지는 말차 초콜릿이 필링으로 들어간 마카롱이에요.
달콤한 화이트초콜릿이 향긋한 말차와 매우 잘 어울립니다.

INGREDIENTS

(약 20~25개 분량)

코크

프렌치 머랭 코크

달걀흰자 112g
설탕 96g
아몬드파우더 150g
슈거파우더 135g

이탈리안 머랭 코크

물 30g
설탕 69g
달걀흰자 A 45g
아몬드파우더 125g
슈거파우더 125g
달걀흰자 B 45g

색소

리프그린 5
티얼그린 2

필링

화이트초콜릿 220g
말차가루 6g
생크림 105g

장식

식용 은펄 적당량
럼 적당량

PREPARATION

- 가루류는 체 쳐주세요.
- 버터는 실온에 두어 말랑하게 만들어주세요.

코크 만들기

프렌치 머랭법(p.36) 혹은 이탈리안 머랭법(p.40)을 참고하여 코크를 만듭니다.

필링 만들기

1
냄비에 생크림과 말차가루를 넣어 중불에 올리고 거품기로 섞어주세요.

2
냄비 가장자리가 끓어오르면 불에서 내립니다.

3
화이트초콜릿을 담은 볼에 **2**를 부어주세요.

4
핸드블렌더로 섞어 유화시킵니다.

5
주걱으로 떴을 때 주르륵 흐르는 정도면 됩니다.

6
실온에 두어 굳힙니다. 약간 꾸덕한 상태가 될 때까지 굳혀주세요.

몽타주하기

7
적당한 농도로 굳힌 가나슈는 805번 깍지를 끼운 짤주머니에 담아 한 쪽 코크에 짜 올려 몽타주합니다.

장식하기

8
럼에 식용 은펄을 넣고 적당한 농도로 섞어주세요.

9
붓을 이용해 코크 윗면에 취향껏 발라주세요.

DARK CHOCOLATE MACARON

다크초콜릿 마카롱

진하고 씁쓸한 초콜릿을 한입 베어 물면 부드럽게 녹아드는 기분 좋은 달콤함이
하루의 피로를 풀어주는 마카롱이에요.

INGREDIENTS

(약 20~25개 분량)

코크

프렌치 머랭 코크

달걀흰자 112g
설탕 96g
아몬드파우더 150g
슈거파우더 135g
블랙파우더코코아 6g
카카오닙 적당량

이탈리안 머랭 코크

물 30g
설탕 69g
달걀흰자 A 45g
아몬드파우더 125g
슈거파우더 125g
달걀흰자 B 45g
블랙파우더코코아 6g
카카오닙 적당량

색소

콜블랙 5

필링

다크초콜릿 220g
전화당 15g
생크림 180g
무염버터 20g

PREPARATION

- 가루류는 체 쳐주세요.
- 버터는 실온에 두어 말랑하게 만들어주세요.

코크 만들기

프렌치 머랭법(p.36) 혹은 이탈리안 머랭법(p.40)을 참고하여 코크를 만듭니다. 이때, 팬닝 후 코크 윗면에 카카오닙을 뿌린 다음 건조하여 구워주세요.

가나슈 만들기

1
냄비에 생크림과 전화당을 넣고 불에 올려주세요.

2
가장자리가 끓어오를 때까지 가열한 다음 불에서 내려주세요.

3
볼에 다크초콜릿을 담고 **2**를 부어주세요.

4
핸드블렌더로 섞어 유화시킵니다.

5
생크림과 초콜릿이 다 섞이면 버터를 넣고 다시 핸드블렌더로 섞어주세요.

6
주걱으로 떴을 때 주르륵 흐르는 정도가 되면 완성입니다.

7
실온에 30분 정도 두어 꾸덕하게
굳힌 후 사용합니다.

몽타주하기

8
805번 깍지를 끼운 짤주머니에 적당히 굳은 가나슈를 담고 한쪽 코크에
짜 올려 몽타주합니다.

Tea & Coffee

—

MACARON

티 & 커피 마카롱

ESPRESSO MACARON

HONEY LAVENDER MACARON

HIBISCUS LITCHI JELLY MACARON

HOJICHA MILKTEA MACARON

ESPRESSO MACARON

에스프레소 마카롱

커피를 좋아하는 분이라면 꼭 한번 만들어보세요.
진한 에스프레소의 향이 쫄깃한 코크와 너무나 잘 어울립니다.

INGREDIENTS

(약 20~25개 분량)

코크

프렌치 머랭 코크

달걀흰자 112g
설탕 96g
아몬드파우더 150g
슈거파우더 135g

이탈리안 머랭 코크

물 30g
설탕 69g
달걀흰자 A 45g
아몬드파우더 125g
슈거파우더 125g
달걀흰자 B 45g

색소

① 버크아이브라운 1
콜블랙 1/2
② 버크아이브라운 3

필링

파트 아 봄브 버터크림(p.80 참고) 200g
인스턴트커피 6g
생크림 12g
우유 45g
원두가루 2g
깔루아 3g

PREPARATION

- 가루류는 체 쳐주세요.
- 버터는 실온에 두어 말랑하게 만들어주세요.

코크 만들기

프렌치 머랭법(p.36) 혹은 이탈리안 머랭법(p.40)을 참고하여 코크를 만듭니다.

가나슈 만들기

1
내열용기에 생크림과 우유, 원두가루를 넣고 전자레인지에 20초간 데워 따뜻하게 준비합니다.

2
1에 인스턴드커피를 넣고 잘 녹인 후 충분히 식힙니다.

3
볼에 파트 아 봄브 버터크림을 담고 **2**를 넣어주세요.

4
핸드믹서로 섞어주세요.

5
4에 깔루아를 넣고 다시 핸드믹서로 섞어주세요.

몽타주하기

6

809번 깍지를 끼운 짤주머니에 완성된 크림을 담고 한쪽 코크에 짜 올려 몽타주합니다.

HONEY LAVENDER MACARON

허니 라벤더 마카롱

불면증과 항산화에 좋은 라벤더 티를 이용해 마카롱으로 만들어보았어요.
은은하게 퍼지는 향긋한 라벤더 향에 달콤한 꿀을 더한 마카롱은 따뜻한 차와 함께 먹어도 좋아요.

INGREDIENTS

(약 20~25개 분량)

코크

프렌치 머랭 코크

달걀흰자 112g
설탕 96g
아몬드파우더 150g
슈거파우더 135g

이탈리안 머랭 코크

물 30g
설탕 69g
달걀흰자 A 45g
아몬드파우더 125g
슈거파우더 125g
달걀흰자 B 45g

색소

① 스카이블루 3
바이올렛 1/2
② 바이올렛 2

필링

무염버터 200g
달걀노른자 40g
설탕 15g
우유 45g
라벤더 티(찻잎) 4g
꿀 5g

PREPARATION

- 가루류는 체 쳐주세요.
- 버터는 실온에 두어 말랑하게 만들어주세요.

코크 만들기

프렌치 머랭법(p.36) 혹은 이탈리안 머랭법(p.40)을 참고하여 코크를 만듭니다.

허니라벤더 크림 만들기

1
냄비에 우유와 라벤더 티를 넣고 중불에 올려주세요. 끓어오르면 불을 끈 후 뚜껑을 덮어 15~20분간 우립니다.

2
티를 걸러낸 후 분량 외 우유를 추가하여 양을 45g으로 맞춰주세요.

3
볼에 달걀노른자와 설탕 일부를 넣고 섞어주세요.

4
냄비에 **2**와 나머지 설탕을 넣고 중불에 올려 가장자리가 끓어오를 때까지 데운 다음 불에서 내립니다.

5
3에 **4**를 조금씩 넣으며 섞은 후 다시 냄비로 옮겨주세요.

6

냄비를 약불에 올려 83℃까지 끓입니다. 이때 달걀노른자가 익지 않도록 계속 저어주세요.

7

83℃가 되면 체에 주걱으로 눌러가며 거른 후 완전히 식혀주세요.

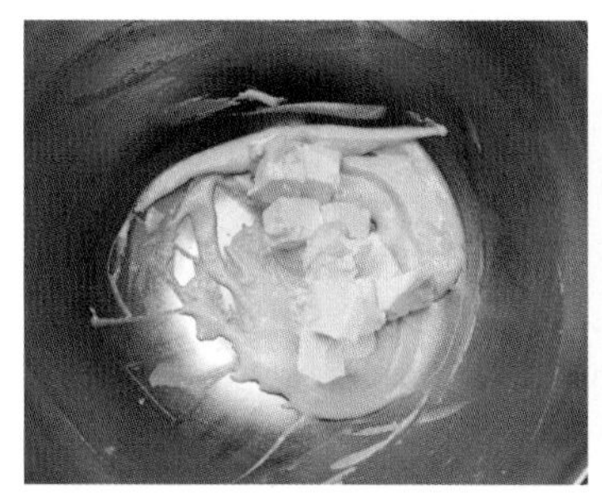

8

7을 30℃ 이하로 식힌 후 말랑한 버터를 2~3회에 나눠 넣고 핸드믹서로 휘핑해주세요.

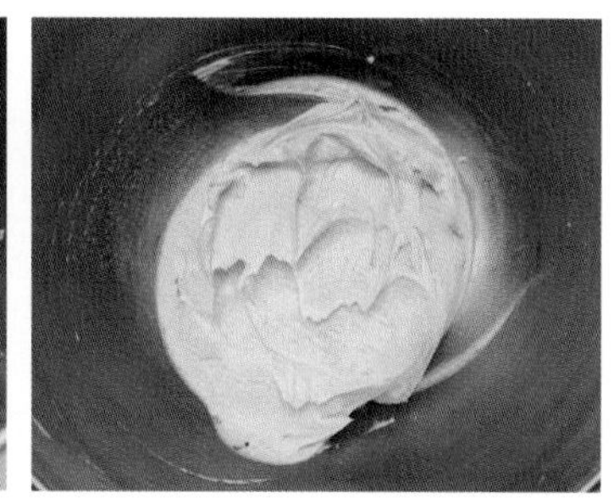

9

다 섞이면 꿀을 넣고 섞어 완성합니다.

몽타주하기

10

867번 깍지를 끼운 짤주머니에 완성된 크림을 담고 한쪽 코크에 짜 올려 몽타주합니다.

HIBISCUS LITCHI JELLY MACARON

히비스커스 리치젤리 마카롱

히비스커스는 '신에게 바치는 꽃'이라는 의미를 가지고 있어요.
피부 미용에도 좋은 히비스커스, 양귀비가 먹고 예뻐졌다는 전설의 열대 과일 리치를 사용해
여성들에게 좋은 마카롱으로 만들어보았어요.

INGREDIENTS

(약 20~25개 분량)

코크

프렌치 머랭 코크

달걀흰자 112g
설탕 96g
아몬드파우더 150g
슈거파우더 135g

이탈리안 머랭 코크

물 30g
설탕 69g
달걀흰자 A 45g
아몬드파우더 125g
슈거파우더 125g
달걀흰자 B 45g

색소

딥핑크 3
네온브라이트핑크 3

필링

무염버터 220g
달걀노른자 40g
설탕 28g
우유 55g
히비스커스 꽃잎 4g
리치젤리
- 리치퓌레 125g
- 펙틴 5g
- 물엿 42g
- 판 젤라틴 3g
- 설탕 A 13g
- 설탕 B 110g

PREPARATION

- 가루류는 체 쳐주세요.
- 버터는 실온에 두어 말랑하게 만들어주세요.
- 설탕과 펙틴은 합쳐두세요.
- 판 젤라틴은 젤라틴 분량의 6배의 물에 담가 불려두세요.

코크 만들기

프렌치 머랭법(p.36) 혹은 이탈리안 머랭법(p.40)을 참고하여 코크를 만듭니다.

리치젤리 만들기

1
냄비에 리치 퓌레, 펙틴, 설탕 A를 넣고 중불에 올린 다음 설탕이 녹을 때까지 가열합니다.

2
설탕이 녹으면 약불로 줄인 다음 물엿과 설탕 B를 넣고 주걱으로 저으며 108℃까지 끓입니다. 불을 끄고 불린 젤라틴을 넣어 섞어주세요.

3
2를 랩핑한 트레이에 부은 다음 냉장고에 30분 정도 넣어 굳혀주세요.

4
굳은 젤리를 적당히 잘라 분량 외 설탕에 굴려주세요. 젤리가 매우 끈적거리므로 꼭 설탕에 굴립니다.

5
설탕에 굴린 젤리를 적당한 크기로 자릅니다.

필링 만들기

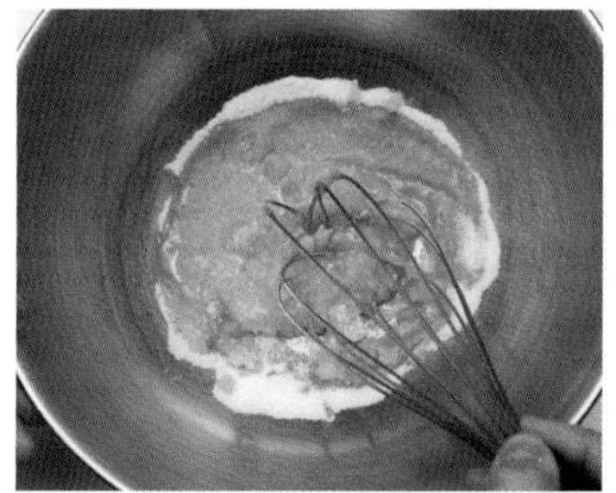

6
볼에 달걀노른자와 설탕의 1/2를 넣고 거품기로 잘 섞어주세요.

7
냄비에 우유와 히비스커스 꽃잎을 넣고 중불에 올려주세요. 한 번 끓어오를 때까지 가열한 다음 불에서 내립니다.

Tip 취향에 따라 불에서 내린 후 우리는 시간을 가감해주세요.

8
7을 체에 걸러 꽃잎을 걸러냅니다. 꽃잎을 걸러낸 액체에 분량 외 우유를 추가하여 양을 55g으로 맞춰주세요.

9
6에 **8**을 넣으며 거품기로 잘 섞어주세요.

10
9를 냄비로 옮겨 약불에 올려주세요. 거품기로 저으며 83℃까지 끓입니다.

11
체에 걸러 볼로 옮기고 냉장고에 넣어 식혀주세요.

몽타주하기

12
식힌 **11**에 말랑한 상태의 버터를 나눠 넣으며 핸드믹서로 휘핑해주세요.

13
807번 깍지를 끼운 짤주머니에 완성된 크림을 담고 한쪽 코크에 동그랗게 짜 올립니다.

14
가운데에 리치젤리를 넣어 몽타주합니다.

HOJICHA MILKTEA MACARON

호지차 밀크티 마카롱

호지차는 녹차에 비해 카페인 함량이 적어요.
녹차의 찻잎을 고온에서 볶아 만들어 쓴맛과 떫은맛은 없고 구수한 것이 특징입니다.

INGREDIENTS

(약 20~25개 분량)

코크

프렌치 머랭 코크

달걀흰자 112g
설탕 96g
아몬드파우더 150g
슈거파우더 135g

이탈리안 머랭 코크

물 30g
설탕 69g
달걀흰자 A 45g
아몬드파우더 125g
슈거파우더 125g
달걀흰자 B 45g

색소

버크아이브라운 1
레몬옐로우 소량
포레스트그린 소량

필링

파트 아 봄브 버터크림(p.80 참고) 200g
호지차 밀크티잼 62g
- 생크림 500ml
- 우유 1l
- 설탕 50g
- 호지차(찻잎) 12g

PREPARATION

- 가루류는 체 쳐주세요.
- 버터는 실온에 두어 말랑하게 만들어주세요.

코크 만들기

프렌치 머랭법(p.36) 혹은 이탈리안 머랭법(p.40)을 참고하여 코크를 만듭니다.

호지차 밀크티잼 만들기

1
냄비에 생크림, 우유, 설탕을 넣고 센불에 올립니다. 끓어오르면 분량의 호지차 찻잎을 넣고 불에서 내려주세요.

2
그대로 7~8분 정도 우린 후 찻잎을 건져냅니다.

3
냄비를 중약불에 올려 계속 저으면서 졸여주세요.

4
사진과 같이 적당한 잼의 점도를 가질 때까지 계속 졸입니다. 찬물에 떨어트려 퍼지지 않으면 완성입니다.

몽타주하기

5
분량의 파트 아 봄브 버터크림에 호지차 밀크티잼을 넣어주세요.

6
핸드믹서를 중속으로 하여 잘 섞어주세요.

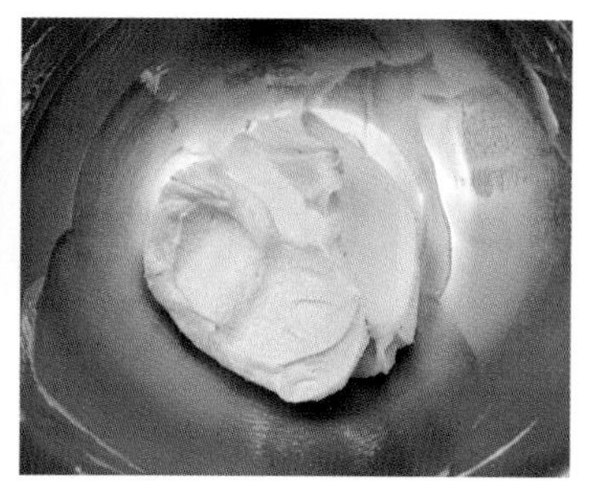

7
다 섞은 크림은 주걱으로 정리합니다.

8
195K번 깍지를 끼운 짤주머니에 완성된 크림을 담고 한쪽 코크에 동그랗게 짜 올립니다.

9
짤주머니에 호지차 밀크티잼을 넣고 끝을 약간 잘라 가운데에 짜 넣어 몽타주합니다.

Cream Cheese & Liqueur

MACARON

크림치즈 & 리큐어 마카롱

TIRAMISU MACARON

GARLIC CREAM CHEESE MACARON

RED VELVET MACARON

ROSE WINE JELLY MACARON

IRISH CREAM MACARON

TIRAMISU MACARON

티라미수 마카롱

티라미수는 '나를 끌어올리다'라는 뜻을 가진 이탈리아의 대표 디저트예요.
진한 커피 향과 부드럽고 고소한 마스카르포네 치즈가 조화롭게 어우러져
입 안 가득 행복을 가져다주는 마카롱입니다.

INGREDIENTS

(약 20~25개 분량)

코크

프렌치 머랭 코크

달걀흰자 112g
설탕 96g
아몬드파우더 150g
슈거파우더 135g

이탈리안 머랭 코크

물 30g
설탕 69g
달걀흰자 A 45g
아몬드파우더 125g
슈거파우더 125g
달걀흰자 B 45g

색소

버크아이브라운 6
콜블랙 2
버건디와인 3

필링

파트 아 봄브 버터크림(p.80 참고) 100g
마스카르포네 치즈 80g
커피 가나슈
- 다크초콜릿 85g
- 생크림 85g
- 인스턴트커피 가루 8g
- 깔루아 6g

장식

코코아파우더 적당량

PREPARATION

- 가루류는 체 쳐주세요.
- 버터는 실온에 두어 말랑하게 만들어주세요.

코크 만들기

프렌치 머랭법(p.36) 혹은 이탈리안 머랭법(p.40)을 참고하여 코크를 만듭니다.

커피 가나슈 만들기

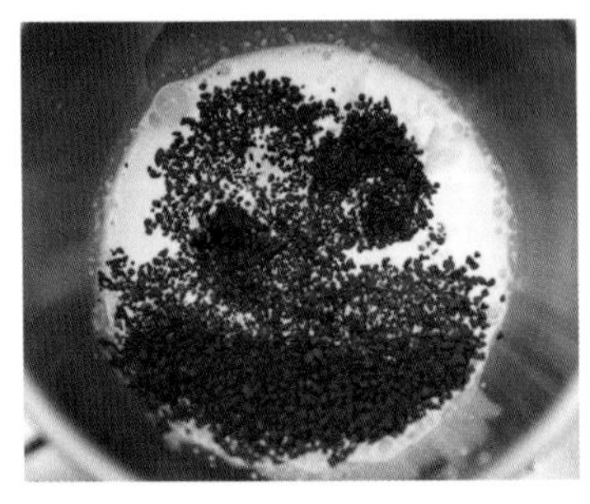

1
냄비에 생크림과 인스턴트커피 가루를 넣고 중불에 올립니다. 가장자리가 끓어오르면 불에서 내려주세요.

2
볼에 다크초콜릿을 담고 **1**을 부어주세요.

3
주걱으로 가운데를 천천히 저어가며 초콜릿과 생크림을 잘 섞어주세요.

4
매끄럽게 섞이면 깔루아를 넣고 주걱으로 잘 저어 완성합니다.

필링 만들기

5
볼에 분량의 버터크림에 마스카르포네 치즈를 넣어주세요.

6
핸드믹서로 부드럽게 휘핑해주세요.

7
주걱으로 크림을 정리합니다.

몽타주하기

8
807번 깍지를 끼운 짤주머니에 완성된 크림을 담고 한쪽 코크에 동그랗게 짜 올립니다.

9
짤주머니에 커피가나슈를 넣고 끝을 조금 자른 후 가운데에 짜 넣어 몽타주합니다.

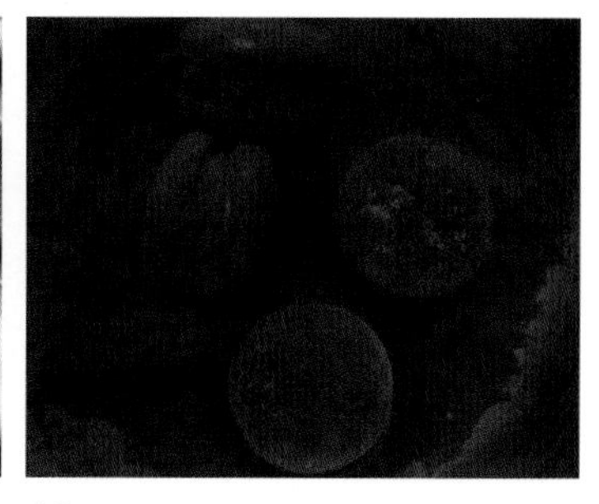

10
냉장고에 15분 정도 넣어 살짝 굳힌 후 코코아 파우더를 묻혀 완성해주세요.

GARLIC CREAM CHEESE MACARON

갈릭크림치즈 마카롱

항암 효과가 뛰어난 마늘은 한국인이 즐겨 먹는 식재료예요.
갈릭소스는 크림치즈와 함께 필링으로 사용했지만 빵에 발라 오븐에 살짝 구워 먹어도 좋아요.

INGREDIENTS

(약 20~25개 분량)

코크

프렌치 머랭 코크

달걀흰자 112g
설탕 96g
아몬드파우더 150g
슈거파우더 135g
건파슬리 적당량

이탈리안 머랭 코크

물 30g
설탕 69g
달걀흰자 A 45g
아몬드파우더 125g
슈거파우더 125g
달걀흰자 B 45g
건파슬리 적당량

색소

버건디와인 소량
버크아이브라운 소량

필링

크림치즈 170g
무염버터 30g
갈릭소스
- 다진 마늘 55g
- 설탕 30g
- 꿀 10g
- 연유 10g

PREPARATION

- 가루류는 체 쳐주세요.
- 버터는 실온에 두어 말랑하게 만들어주세요.

코크 만들기

프렌치 머랭법(p.36) 혹은 이탈리안 머랭법(p.40)을 참고하여 코크를 만듭니다. 이때, 팬닝 후 코크 윗면에 건파슬리를 뿌린 다음 건조하여 구워주세요.

갈릭소스 만들기

1
다진 마늘에 설탕을 넣어 섞은 뒤 15분 정도 재워두세요.

2
냄비에 **1**과 꿀, 연유를 넣어주세요.

3
2를 중불에 올려 저으면서 졸입니다.

4
마늘이 갈색 빛을 띠면 불을 꺼주세요. 졸여진 갈릭 소스는 실온에서 한 김 식힌 후 냉장고에 옮겨 완전히 식혀주세요.

필링 만들기

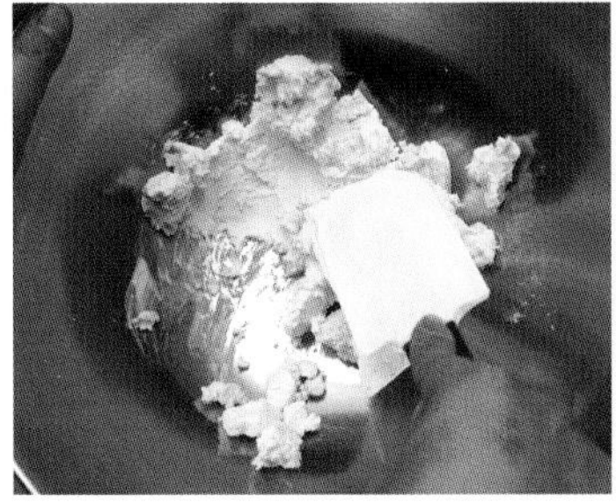

5

볼에 크림치즈를 담고 주걱으로 눌러가며 덩어리를 풀어주세요.

Tip 크림치즈는 처음에 덩어리를 완벽하게 풀지 않으면 끝까지 덩어리가 남아 있게 됩니다. 꼼꼼하게 덩어리를 풀어주세요.

6

5에 실온의 버터를 나누어 넣고 핸드믹서로 잘 섞어주세요.

7

6에 갈릭소스를 넣고 주걱으로 잘 섞어주세요.

몽타주하기

8

807번 깍지를 끼운 짤주머니에 완성된 크림을 담고 한쪽 코크에 짜 올려 몽타주합니다.

Tip 크림치즈를 사용한 필링은 숙성이 빨라 코크의 식감이 빨리 물러지는 편이에요. 냉장고에서 숙성 후 되도록 오래 보관하지 않는 게 좋아요.

RED VELVET MACARON

레드벨벳 마카롱

색소를 적게 사용하면서 붉은빛의 코크를 만들기 위해
홍국쌀가루를 사용하여 레드벨벳을 표현해보았습니다.
진한 크림치즈의 풍미가 돋보이는 마카롱이에요.

INGREDIENTS

(약 20~25개 분량)

코크

프렌치 머랭 코크

달걀흰자 112g
설탕 96g
아몬드파우더 150g
슈거파우더 135g
홍국쌀가루 6.5g

이탈리안 머랭 코크

물 30g
설탕 69g
달걀흰자 A 45g
아몬드파우더 125g
슈거파우더 125g
달걀흰자 B 45g
홍국쌀가루 5g

색소

레드레드 6
슈퍼레드 3

필링

크림치즈 185g
슈거파우더 30g
무염버터 85g

PREPARATION

- 가루류는 체 쳐주세요.
- 버터와 크림치즈는 실온에 두어 말랑하게 만들어주세요.

코크 만들기

프렌치 머랭법(p.36) 혹은 이탈리안 머랭법(p.40)을 참고하여 코크를 만듭니다. 코크를 만들 때 가루류를 넣는 시점에 쌀가루를 같이 넣어주세요. 홍국쌀가루는 빨간색 쌀가루입니다. 특유의 향이 있어 호불호가 있는 제품이에요.

필링 만들기

1
볼에 크림치즈를 담고 주걱으로 눌러가며 덩어리를 풀어주세요.

2
슈거파우더를 넣고 핸드믹서로 잘 섞어주세요.

3
버터를 넣어 핸드믹서로 부드럽게 휘핑합니다.

몽타주하기

4

807번 깍지를 끼운 짤주머니에 완성된 크림을 담고 한쪽 코크에 짜 올려 몽타주합니다.

Tip 크림치즈는 수분감이 많은 필링이에요. 몽타주한 후 너무 오래 숙성하면 코크의 식감이 물러집니다. 과숙성되지 않도록 주의해주세요.

ROSE WINE JELLY MACARON

로제와인젤리 마카롱

여름날, 사랑하는 이와 나누는 연한 장밋빛 포도주.
여성분들이 좋아하는 달콤한 로제와인을 사용해 사랑스러움 가득 품은 마카롱을 만들어보았어요.
탱글탱글한 식감의 젤리가 재미를 더해줍니다.

INGREDIENTS

(약 20~25개 분량)

코크

프렌치 머랭 코크

달걀흰자 112g
설탕 96g
아몬드파우더 150g
슈거파우더 135g

이탈리안 머랭 코크

물 30g
설탕 69g
달걀흰자 A 45g
아몬드파우더 125g
슈거파우더 125g
달걀흰자 B 45g

색소

조지아피치 4
베이커스로즈 1

필링

로제와인 135g
달걀노른자 30g
설탕 24g
콘스타치 12g
무염버터 200g
로제와인젤리 적당량
- 로제와인 100g
- 판 젤라틴 3g
- 물 A 18g
- 물 B 50g
- 설탕 15g

PREPARATION

- 가루류는 체 쳐주세요.
- 버터는 실온에 두어 말랑하게 만들어주세요.
- 판 젤라틴은 물 A에 담가 15분 이상 불려주세요.

코크 만들기

프렌치 머랭법(p.36) 혹은 이탈리안 머랭법(p.40)을 참고하여 코크를 만듭니다.

로제와인젤리 만들기

1
냄비에 물 B와 설탕을 넣고 중불에 올려 설탕이 녹을 정도로만 끓여주세요.

2
불을 끄고 물기를 짠 젤라틴과 로제 와인을 넣어주세요.

3
주걱으로 잘 섞어주세요.

4
넓은 용기에 담아 냉장고에서 식힙니다.

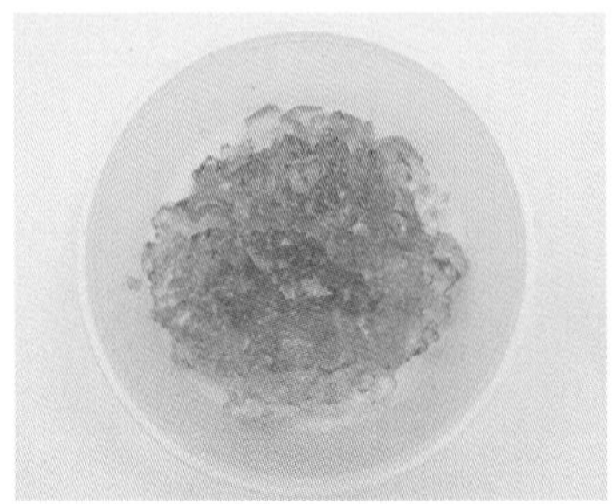

5
식은 젤리는 잘게 잘라 준비합니다.

필링 만들기

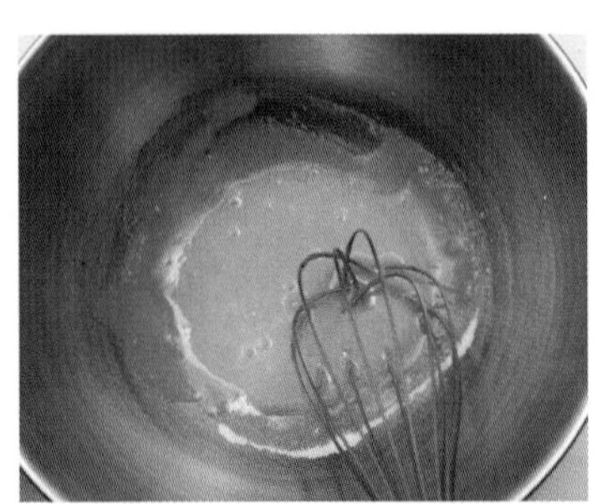

6
볼에 달걀노른자와 설탕을 넣고 거품기로 흰빛이 돌 때까지 섞어주세요.

7
체 친 콘스타치를 넣고 거품기로 잘 섞어주세요.

8
로제와인을 조금씩 부어가며 거품기로 섞어주세요.

9
냄비로 옮긴 다음 약불에 올려주세요. 거품기로 섞으면서 83℃까지 끓인 다음 불에서 내립니다.

10
9를 체에 걸러 볼에 옮겨주세요.

11
볼을 얼음물에 받쳐 30℃ 이하로 식혀주세요.

몽타주하기

12
11에 말랑한 상태의 버터를 나눠 넣고 핸드믹서로 충분히 섞어줍니다.

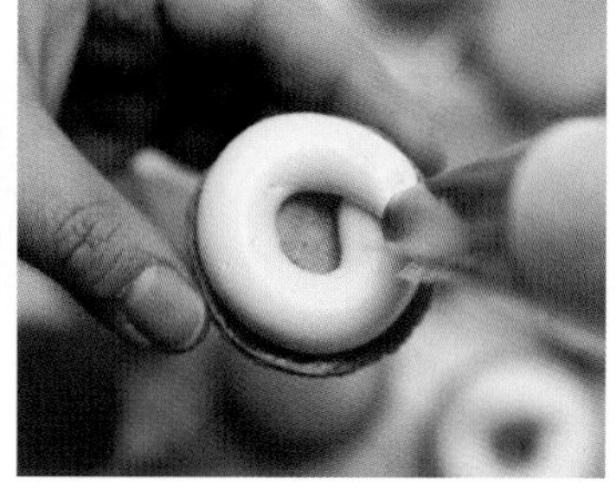

13
806번 깍지를 끼운 짤주머니에 완성된 크림을 담고 한쪽 코크 가장자리에 동그랗게 짜 올립니다.

14
가운데에 로제와인젤리를 넣고 몽타주합니다.

IRISH CREAM MACARON

아이리시크림 마카롱

어른들을 위한 마카롱이에요. 아이리시 위스키에 코코아 향을 더한 베일리스라는 리큐어를 이용해 만든 크림은 달콤하고 부드러워요.

INGREDIENTS

(약 20~25개 분량)

코크

프렌치 머랭 코크

달걀흰자 112g
설탕 96g
아몬드파우더 150g
슈거파우더 135g

이탈리안 머랭 코크

물 30g
설탕 69g
달걀흰자 A 45g
아몬드파우더 125g
슈거파우더 125g
달걀흰자 B 45g

색소

① 바이올렛 3
② 바이올렛 6

필링

무염버터 200g
달걀노른자 35g
설탕 A 20g
콘스타치 6g
우유 30g
베일리스 30g
설탕 B 35g

장식

코팅용 다크초콜릿 적당량

PREPARATION

- 가루류는 체 쳐주세요.
- 버터는 실온에 두어 말랑하게 만들어주세요.

코크 만들기

프렌치 머랭법(p.36) 혹은 이탈리안 머랭법(p.40)을 참고하여 코크를 만듭니다.

아이리시크림 만들기

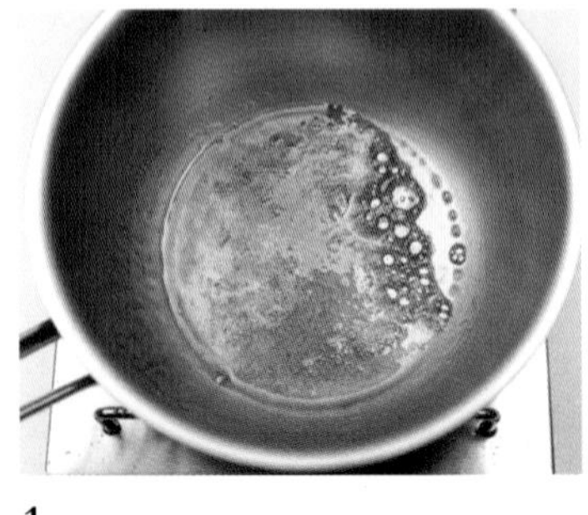

1
냄비에 설탕 B를 넣고 중불에 올려 갈색이 될 때까지 끓여 캐러멜을 만들어주세요. 이때 주걱으로 젓지 않습니다. 냄비를 흔들어가며 녹여주세요.

2
캐러멜이 완성되면 불에서 내려주세요.

3
볼에 달걀노른자, 설탕 A를 넣고 잘 섞은 뒤 콘스타치를 넣고 섞어주세요.

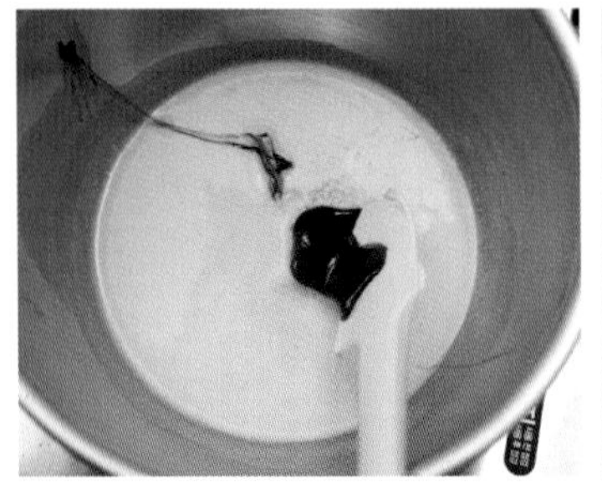

4
다른 냄비에 우유와 베일리스를 넣고 중불에 올립니다. 가장자리가 끓어오르면 불에서 내린 다음 **2**를 넣고 거품기로 매끄럽게 섞어주세요.

5
4를 노른자가 담긴 **3**의 볼에 넣고 거품기로 섞어주세요.

6
다시 냄비로 옮기고 약불에 올립니다. 83℃까지 끓여 걸쭉하게 만듭니다.

7

7을 체에 주걱으로 누르며 걸러 볼에 담고 30℃ 이하로 식혀주세요.

8

식힌 **7**에 말랑한 실온 상태의 버터를 나누어 넣으며 핸드믹서로 충분히 휘핑합니다.

몽타주하기

9

807번 깍지를 끼운 짤주머니에 완성된 크림을 담고 한쪽 코크에 짜 올려 몽타주합니다.

10

코팅용 다크 초콜릿을 전자레인지에 10초씩 3회에 나눠 돌려 녹여줍니다. 부드럽게 흐르는 정도로 녹으면 됩니다. 녹인 초콜릿을 짤주머니에 담고 끝을 조금 자른 후 코크 위에 뿌려 완성합니다.

The Others

MACARON

기타 마카롱

DOUBLE VANILLA MACARON

SALTED CARAMEL MACARON

BLACK SUGAR LATTE MACARON

CRÈME BRÛLÉE MACARON

CASSIS GUIMAUVE MACARON

TURKISH DELIGHT MACARON

DOUBLE VANILLA MACARON

더블바닐라 마카롱

바닐라 아이스크림을 그대로 옮겨놓은 듯한 마카롱이에요.
두 가지 천연 바닐라빈을 사용해 풍미를 극대화했습니다. 호불호 없이 누구나 좋아할 맛이에요.

INGREDIENTS

(약 20~25개 분량)

코크

프렌치 머랭 코크

달걀흰자 112g
설탕 96g
아몬드파우더 150g
슈거파우더 135g
바닐라빈 1/3개

이탈리안 머랭 코크

물 30g
설탕 69g
달걀흰자 A 45g
아몬드파우더 125g
슈거파우더 125g
달걀흰자 B 45g
바닐라빈 1/3개

색소

① 스카이블루 2
네이비블루 1/2
② 화이트 소량

필링

파트 아 봄브 버터크림(p.80 참고) 200g
마다가스카르 바닐라빈 1/2개
타히티 바닐라빈 1/2개
우유 18g

PREPARATION

- 가루류는 체 쳐주세요.
- 버터는 실온에 두어 말랑하게 만들어주세요.

코크 만들기

프렌치 머랭법(p.36) 혹은 이탈리안 머랭법(p.40)을 참고하여 코크를 만듭니다. 머랭 작업 마무리 단계에서 기포를 정리할 때 바닐라빈의 1/3을 긁어 넣어 코크에 풍미를 더합니다. 마블 기법(번갈아 넣기, p.54)을 활용한 코크입니다.

필링 만들기

1
마다가스카르 바닐라빈, 타히티 바닐라빈을 준비합니다. 사진의 위가 마다가스카르 바닐라빈, 아래가 타히티 바닐라빈입니다.

Tip 바닐라 마카롱은 숙성되면 그 맛과 향이 더 풍부하고 진해집니다. 바닐라빈을 두 종류 쓰는 이유는 향과 풍미를 더욱 풍부하게 하기 위해서예요. 한 가지만 써도 충분히 맛있는 바닐라 마카롱을 만들 수 있습니다.

2
각 바닐라빈을 칼로 긁어주세요.

3
냄비에 우유를 담고 바닐라빈 긁은 것과 껍질을 모두 넣어주세요.

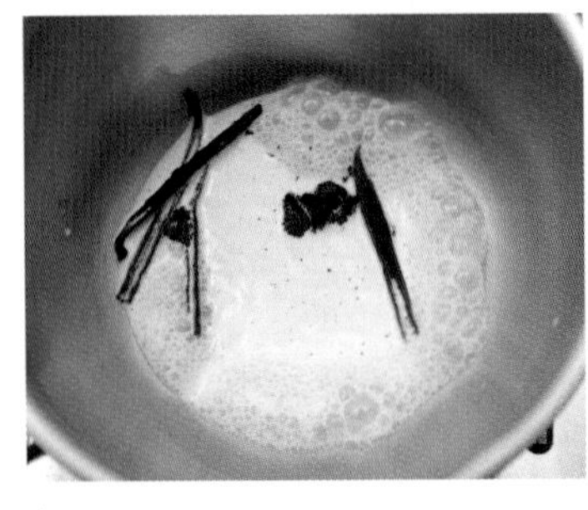

4
3을 중불에 올린 다음 가장자리가 끓어오르면 불을 끄고 껍질을 제거해주세요. 실온에 두어 30℃ 이하로 충분히 식힙니다.

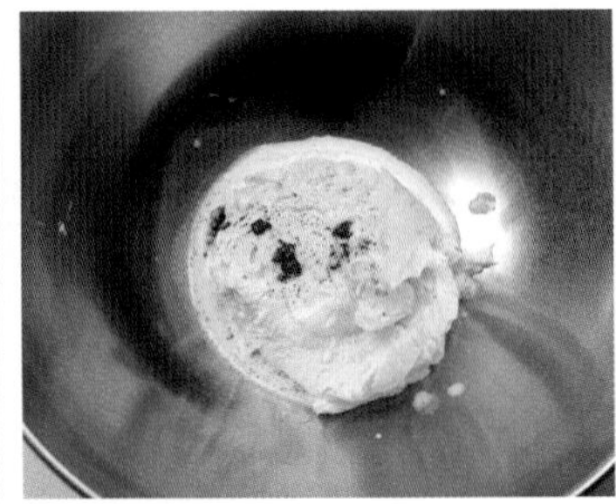

5
볼에 버터크림과 **4**를 넣어주세요.

6
핸드믹서를 중속으로 하여 섞어주세요.

몽타주하기

7
867번 깍지를 끼운 짤주머니에 완성된 크림을 담고 한쪽 코크에 짜 올려 몽타주합니다.

SALTED CARAMEL MACARON

솔티드캐러멜 마카롱

'단짠'의 맛이 담긴 솔티드 캐러멜은 많은 사람들이 좋아하는 맛이에요.
캐러멜 소스는 다양하게 응용할 수도 있습니다.
쌉쌀한 단맛 뒤에 오는 짠맛이 침샘을 자극하는 마카롱이에요.

INGREDIENTS

(약 20~25개 분량)

코크

프렌치 머랭 코크

달걀흰자 112g
설탕 96g
아몬드파우더 150g
슈거파우더 135g

이탈리안 머랭 코크

물 30g
설탕 69g
달걀흰자 A 45g
아몬드파우더 125g
슈거파우더 125g
달걀흰자 B 45g

색소

버크아이브라운 5
선셋오렌지 2

필링

파트 아 봄브 버터크림(p.80 참고) 180g
캐러멜 소스 115g
- 설탕 200g
- 생크림 150g

플뢰르 드 셀 3g

장식

금펄 적당량
럼 적당량

PREPARATION

- 가루류는 체 쳐주세요.
- 버터는 실온에 두어 말랑하게 만들어주세요.

코크 만들기

프렌치 머랭법(p.36) 혹은 이탈리안 머랭법(p.40)을 참고하여 코크를 만듭니다.

캐러멜 소스 만들기

1
생크림은 전자레인지에 30초씩 끊어서 2번 정도 돌려 뜨겁게 데워주세요.

Tip 한 번에 1분을 돌리면 생크림이 끓어 넘칠 수 있어요.

2
깊은 냄비에 설탕의 반을 넣고 약불에 올려 설탕을 녹여주세요.

3
설탕의 가장자리가 녹기 시작하면 나머지 설탕을 넣어주세요. 설탕이 녹기 시작하면 냄비를 돌려가며 설탕을 골고루 녹여주세요.

4
설탕이 갈색으로 변하면 실리콘 주걱으로 저어주세요.

5
설탕이 완전히 녹고 갈색으로 변하면 불을 끕니다.

6
5에 **1**의 생크림을 나누어 넣으며 주걱으로 잘 섞어주세요.

7
6을 중불에 올리고 전체적으로 한 번 끓어오르면 불을 끄고 식혀주세요. 만드는 과정에서 덩어리가 생겼다면 체에 걸러주세요.

Tip 캐러멜은 색이 너무 연하면 향은 약하고 당도는 높아요. 반대로 색을 너무 진하게 내면 당도는 낮아지나 쓴맛이 강해질 수 있으니 색을 보며 취향에 맞게 알맞게 조절해주세요. 또 너무 걸쭉하게 끓이면 식은 후 단단해져 크림에 잘 섞이지 않거나 식감이 딱딱해질 수 있으니 오래 끓이지 않도록 주의합니다.

필링 만들기

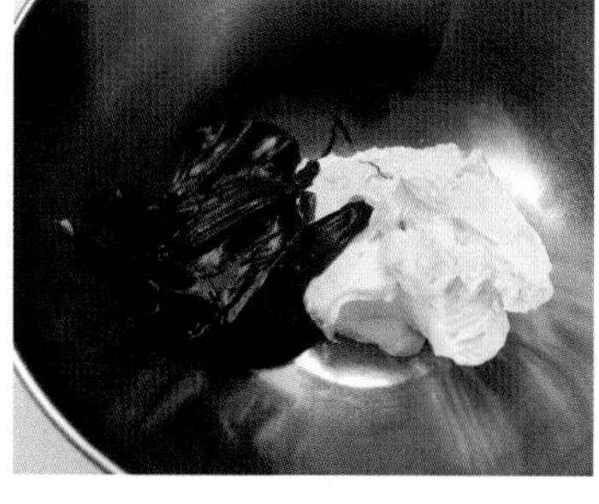

8
볼에 분량의 파트 아 봄브 버터크림과 식힌 캐러멜 소스를 넣고 핸드믹서로 잘 섞어주세요.

9
잘 섞였다면 플뢰르 드 셀을 넣고 주걱으로 가볍게 섞어주세요.

Tip 플뢰르 드 셀은 프랑스 게랑드 지역의 천일염이에요. 짭짤한 감칠맛과 끝에 오는 달콤한 맛으로 제과에 많이 사용되는 소금입니다. 국산 천일염을 써도 괜찮아요.

몽타주하기

10
807번 깍지를 끼운 짤주머니에 완성된 크림을 담고 한쪽 코크 가장자리에 동그랗게 짜 올립니다.

11
남은 캐러멜 소스를 짤주머니에 담고 끝을 조금 자른 후 가운데에 짜 넣어 몽타주합니다.

장식하기

12
작은 볼에 럼과 금펄을 넣고 섞어주세요.

13
12를 붓에 묻힌 다음 손가락으로 튕겨 코크 윗면에 뿌려 완성합니다.

BLACK SUGAR LATTE MACARON

흑당라테 마카롱

요즘 유행하는 흑당을 이용한 마카롱이에요.
흑당이 가진 독특한 향이 고소한 앙글레즈 크림에 더해져 부드러운 흑당라테 맛의 마카롱이 완성되었어요.

INGREDIENTS

(약 20~25개 분량)

코크

프렌치 머랭 코크

달걀흰자 112g
설탕 96g
아몬드파우더 150g
슈거파우더 135g
크리스털 슈거 적당량

이탈리안 머랭 코크

물 30g
설탕 69g
달걀흰자 A 45g
아몬드파우더 125g
슈거파우더 125g
달걀흰자 B 45g
크리스털 슈거 적당량

색소

네이비블루 5
버크아이브라운 5

필링

앙글레즈 버터크림(p.82 참고) 200g
탈지분유 32g
흑당시럽(시판용) 31g

PREPARATION

• 가루류는 체 쳐주세요.
• 버터는 실온에 두어 말랑하게 만들어주세요.

코크 만들기

프렌치 머랭법(p.36) 혹은 이탈리안 머랭법(p.40)을 참고하여 코크를 만듭니다. 이때, 팬닝 후 코크 윗면에 크리스털 슈거를 뿌린 다음 건조하여 구워주세요.

필링 만들기

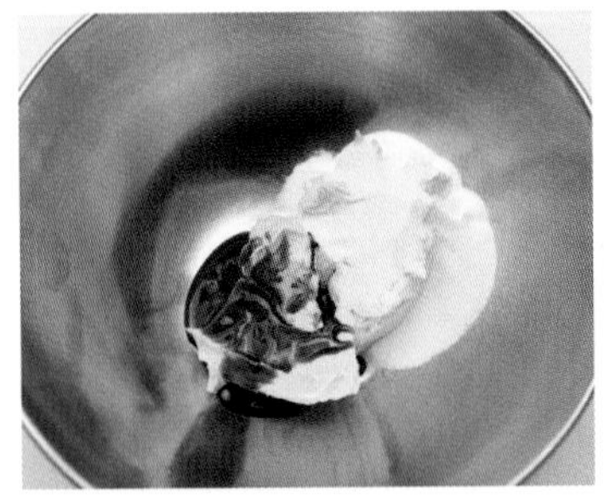

1
볼에 앙글레즈 버터크림, 탈지분유, 흑당시럽을 넣어주세요.

Tip 흑당시럽을 넣지 않으면 고소한 우유 맛의 필링으로 완성되어요.

2
핸드믹서를 중속으로 하여 천천히 휘핑합니다. 탈지분유를 충분히 녹이며 섞어주세요.

3
다 섞은 크림은 주걱으로 정리해주세요.

몽타주하기

4
867번 깍지를 끼운 짤주머니에 완성된 크림을 담고 한쪽 코크에 짜 올려 몽타주합니다.

CRÈME BRÛLÉE MACARON

크렘 브륄레 마카롱

크렘 브륄레는 차가운 커스터드 크림 위에
유리처럼 얇고 파삭한 캐러멜 토핑을 얹어 내는 프랑스식 디저트예요.
마카롱 윗면을 캐러멜라이징해 파삭하게 깨지는 식감을 더해주었어요.

INGREDIENTS

(약 20~25개 분량)

코크

프렌치 머랭 코크

달걀흰자 112g
설탕 96g
아몬드파우더 150g
슈거파우더 135g

이탈리안 머랭 코크

물 30g
설탕 69g
달걀흰자 A 45g
아몬드파우더 125g
슈거파우더 125g
달걀흰자 B 45g

색소

① 네이비블루 3
콜블랙 2
② 티얼그린 3
리프그린 2

필링

앙글레즈 버터크림(p.82 참고) 200g
바닐라빈 1/2개
캐러멜 소스
설탕 100g
생크림 75g

PREPARATION

- 가루류는 체 쳐주세요.
- 버터는 실온에 두어 말랑하게 만들어주세요.

코크 만들기

프렌치 머랭법(p.36) 혹은 이탈리안 머랭법(p.40)을 참고하여 코크를 만듭니다.

캐러멜 소스 만들기

1
생크림은 전자레인지에 30초씩 끊어서 2번 정도 돌려 뜨겁게 데워주세요.

Tip 한 번에 1분을 돌리면 생크림이 끓어 넘칠 수 있어요.

2
깊은 냄비에 설탕의 반을 넣고 약불에 올려 설탕을 녹여주세요.

3
설탕의 가장자리가 녹기 시작하면 나머지 설탕을 넣어주세요. 설탕이 녹기 시작하면 냄비를 돌려가며 설탕을 골고루 녹여주세요.

4
설탕이 갈색으로 변하면 실리콘 주걱으로 저어주세요.

5
설탕이 완전히 녹고 갈색으로 변하면 불을 끕니다.

6
5에 **1**의 생크림을 나누어 넣으며 주걱으로 잘 섞어주세요.

7
6을 중불에 올리고 전체적으로 한 번 끓어오르면 불을 끄고 식혀주세요. 만드는 과정에서 덩어리가 생겼다면 체에 걸러주세요.

Tip 캐러멜은 색이 너무 연하면 향은 약하고 당도는 높아요. 반대로 색을 너무 진하게 내면 당도는 낮아지나 쓴맛이 강해질 수 있으니 색을 보며 취향에 맞게 알맞게 조절해주세요. 또 너무 걸쭉하게 끓이면 식은 후 단단해져 크림에 잘 섞이지 않거나 식감이 딱딱해질 수 있으니 오래 끓이지 않도록 주의합니다.

필링 만들기

8
바닐라빈을 긁어 준비합니다.

9
분량의 앙글레즈 버터크림에 긁어 놓은 바닐라빈을 넣고 핸드믹서로 충분히 섞어주세요.

캐러멜라이징하기

10
설탕(분량 외)과 물(분량 외)을 1:1로 섞어 만든 설탕 시럽과 여분의 설탕을 준비합니다.

11
코크 윗면에 설탕 시럽을 붓으로 발라주세요.

12
코크 윗면에 설탕을 묻힙니다.

13
약불의 토치로 그을려 설탕을 녹여 캐러멜라이징합니다. 설탕이 깨지며 바삭한 식감이 재미있어요.

몽타주하기

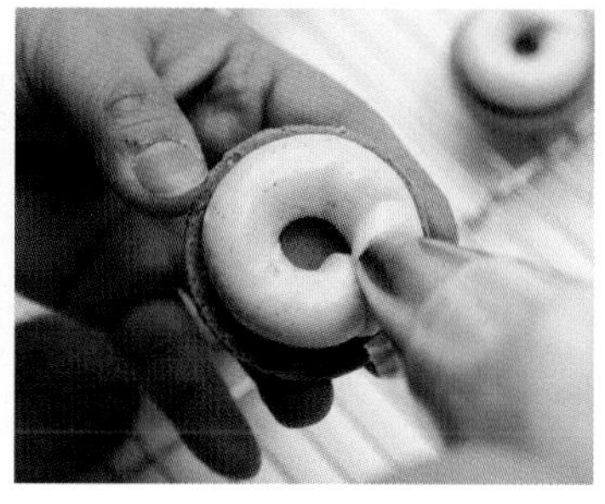

14
807번 깍지를 끼운 짤주머니에 완성된 크림을 담고 한쪽 코크 가장자리에 동그랗게 짜 올립니다.

15
짤주머니에 캐러멜 소스를 넣고 끝을 약간 자른 다음 가운데에 짜 넣어 몽타주합니다.

CASSIS GUIMAUVE MACARON

카시스기모브 마카롱

카시스 기모브는 말랑말랑한 텍스처가 기분 좋아지게 하는 블랙 커런트 마시멜로예요.
말캉한 식감과 재미 때문에 어린아이들이 매우 좋아해요.

INGREDIENTS

(약 20~25개 분량)

코크

프렌치 머랭 코크

달걀흰자 112g
설탕 96g
아몬드파우더 150g
슈거파우더 135g

이탈리안 머랭 코크

물 30g
설탕 69g
달걀흰자 A 45g
아몬드파우더 125g
슈거파우더 125g
달걀흰자 B 45g

색소

① 네온브라이트퍼플 6
② 네온브라이트퍼플 6
터키옥색 2
콜블랙 1

필링

설탕 95g
카시스 퓌레 70g
물엿 60g
젤라틴 12g

PREPARATION

- 가루류는 체 쳐주세요.
- 버터는 실온에 두어 말랑하게 만들어주세요.
- 젤라틴은 차가운 물에 15분 이상 불려주세요.

코크 만들기

프렌치 머랭법(p.36) 혹은 이탈리안 머랭법(p.40)을 참고하여 코크를 만듭니다.
마블 기법(번갈아 넣기, p.54)을 활용한 코크입니다.

필링 만들기

1
냄비에 카시스 퓌레, 설탕, 물엿을 넣고 센불에 올립니다. 주걱으로 저으면서 120℃까지 끓인 후 불에서 내려주세요.

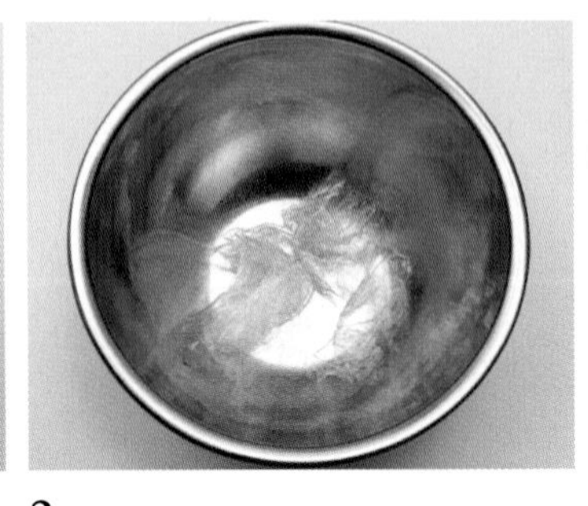

2
불린 젤라틴의 물기를 꼭 짜서 다른 볼에 담아주세요.

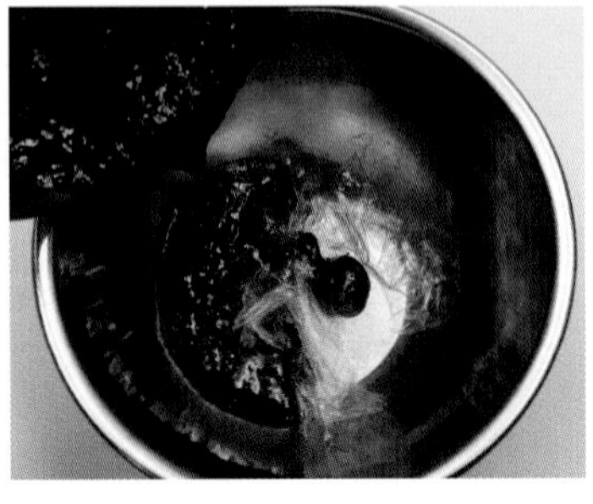

3
1을 **2**의 볼에 부어주세요.

4
핸드믹서를 고속으로 하여 휘핑합니다.

5
미지근하게 식을 때까지 계속 휘핑해주세요.

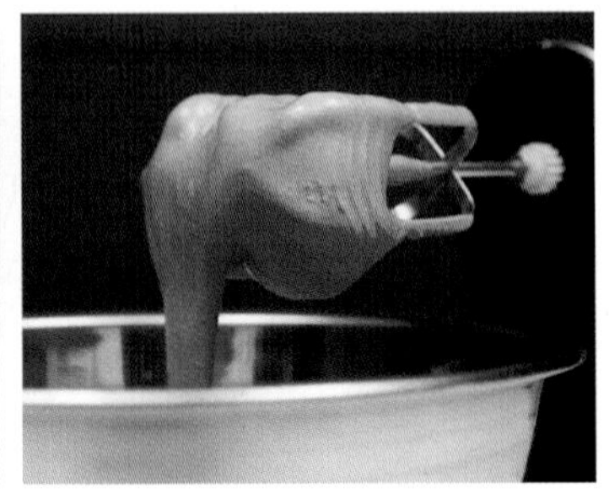

6
미지근하게 식고 끈적하게 점성이 생기면 완성입니다.

몽타주하기

7

806번 깍지를 끼운 짤주머니에 완성된 크림을 담고 한쪽 코크에 짜 올려 몽타주합니다. 기모브가 금세 굳으므로 하나씩 짤 때마다 바로 몽타주해 주세요.

Tip 다양한 퓌레를 사용해 여러 가지 기모브를 만들어보세요. 퓌레 대신 물을 사용하면 플레인 기모브를 만들 수 있어요.

TURKISH DELIGHT MACARON

터키시딜라이트 마카롱

터키시딜라이트는 터키의 대표적인 디저트예요. 터키에서는 '로쿰(lokum)'이라 불립니다.
'예쁜 설탕폭탄'이라는 별명을 가졌으며 매우 달콤하고 쫀득한 식감이에요.

INGREDIENTS

(약 20~25개 분량)

코크

프렌치 머랭 코크

달걀흰자 112g
설탕 96g
아몬드파우더 150g
슈거파우더 135g

이탈리안 머랭 코크

물 30g
설탕 69g
달걀흰자 A 45g
아몬드파우더 125g
슈거파우더 125g
달걀흰자 B 45g

색소

네온브라이트핑크 8
네온브라이트퍼플 5
콜블랙 1
티얼그린 2
바이올렛 3

필링

화이트초콜릿 200g
생크림 90g
터키시딜라이트
- 딸기 퓌레 20g
- 라즈베리 퓌레 20g
- 가루 젤라틴 7g
- 콘스타치 33g
- 물 A 40g
- 설탕 180g
- 물 B 120g
- 물엿 2g
- 옥수수전분 적당량

PREPARATION

- 가루류는 체 쳐주세요.
- 버터는 실온에 두어 말랑하게 만들어주세요.

코크 만들기

프렌치 머랭법(p.36) 혹은 이탈리안 머랭법(p.40)을 참고하여 코크를 만듭니다.

터키시딜라이트 만들기

1
가루 젤라틴과 딸기 퓌레, 라즈베리 퓌레를 섞어 불려주세요.

2
볼에 콘스타치와 물 A를 넣고 섞어 전분물을 만들어주세요.

3
냄비에 설탕, 물 B, 물엿을 넣고 중불에 올립니다.

4
115℃까지 끓인 다음 **2**의 전분물을 넣고 걸쭉해질 때까지 계속해서 중불에 끓여주세요.

5
걸쭉해지면 **1**을 넣고 거품기로 잘 섞어주세요. 살짝 걸쭉해지면 불에서 내립니다.

6
용기에 옮겨 담고 실온에 두어 25℃까지 식혀주세요.

7
식힌 터키시딜라이트를 옥수수전분을 펼친 팬에 놓고 버무려주세요.

8
옥수수전분에 버무린 터키시딜라이트를 적당한 크기로 잘라주세요.

필링 만들기

9
냄비에 생크림을 넣고 중불에 올려주세요. 가장자리가 끓어오르면 불에서 내립니다.

10
볼에 화이트초콜릿에 담고 데운 **9**를 나누어 넣어주세요.

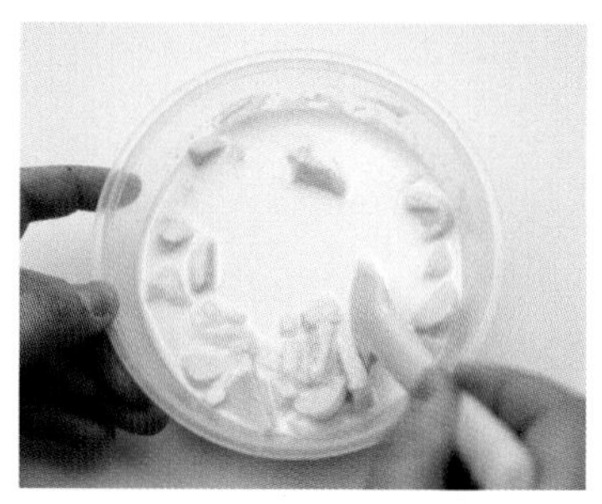

11
주걱으로 매끄럽게 섞은 다음 실온에 잠시 두어 굳힙니다.

12
주걱으로 떠보았을 때 주르륵 흐르지 않고 뚝뚝 떨어지는 정도로 굳으면 사용합니다.

몽타주하기

13
806번 깍지를 끼운 짤주머니에 완성된 크림을 담고 한쪽 코크 가장자리에 동그랗게 짜 올려주세요.

14
옥수수전분에 버무린 터키시딜라이트를 가운데에 넣고 몽타주합니다.

LOVE
LOVE

PART 5.

응용 레시피

FRUIT PETIT GÂTEAU MACARON

생과일 프티 가토 마카롱

생과일을 이용해 특별한 마카롱을 만들었어요.
계절에 따라 각기 다른 과일을 사용해 계절을 담은 멋진 마카롱을 만들어 선물해보세요.

INGREDIENTS

(약 6개 분량)

코크

프렌치 머랭 코크

달걀흰자 112g
설탕 96g
아몬드파우더 150g
슈거파우더 135g

이탈리안 머랭 코크

물 30g
설탕 69g
달걀흰자 A 45g
아몬드파우더 125g
슈거파우더 125g
달걀흰자 B 45g

색소

레드레드 2

필링

딸기피스타치오 마카롱(p.122)의 필링
생딸기 적당량

PREPARATION

- 가루류는 체 쳐주세요.
- 버터는 실온에 두어 말랑하게 만들어주세요.
- 생딸기는 흐르는 물에 세척하고 키친타월로 물기를 꼼꼼히 제거해주세요.

코크 만들기

1
프렌치 머랭법(p.36) 혹은 이탈리안 머랭법(p.40)을 참고하여 코크 반죽을 완성합니다. 이때 머랭에 레드레드 2방울을 넣고 섞어주세요.

2
804번 깍지를 끼운 짤주머니에 반죽을 담고 지름 6cm의 원형으로 팬닝합니다. 오븐팬 바닥을 두드려 표면의 기포를 정리한 다음 건조 후 150℃ 오븐에서 14분 구워주세요.

필링 만들기

3
생딸기는 꼭지를 손질하여 반으로 잘라주세요. 그중 일부는 잘게 잘라주세요.

4
'딸기피스타치오 마카롱'(p.122)을 참고하여 필링을 만듭니다.

몽타주하기

5
867번 깍지를 끼운 짤주머니에 크림을 담고 한쪽 코크에 딸기 높이만큼 쌓아 올립니다.

6
잘게 자른 딸기를 가운데에 채워주세요.

7
크림과 크림 사이에 반으로 잘라둔 딸기의 자른 면이 바깥쪽을 향하도록 딸기를 밀어 넣어주세요.

8
잘게 자른 딸기 위에 필링을 한 번 더 짜주세요.

9
다른 코크로 덮어 몽타주합니다. 윗면에 크림을 조금 짠 후 딸기를 올려 장식합니다.

Tip 제철과일을 이용해 다양하게 활용해 보세요. 보는 것만으로도 기분 좋아지는 예쁜 마카롱이 완성될 거예요. 크기를 조금 더 키우면 멋진 홀케이크로도 완성할 수 있습니다. 홀케이크 사이즈로 만들 땐 건조 시간과 굽는 시간을 늘려주세요.

STICK MACARON

빼빼로 마카롱

동글동글 기본 마카롱을 조금만 변형하면 빼빼로 마카롱을 완성할 수 있어요.
빼빼로데이에 사랑하는 사람에게 마음을 전해보세요.

INGREDIENTS

(약 16개 분량)

코크

프렌치 머랭 코크

달걀흰자 112g
설탕 96g
아몬드파우더 150g
슈거파우더 135g

이탈리안 머랭 코크

물 30g
설탕 69g
달걀흰자 A 45g
아몬드파우더 125g
슈거파우더 125g
달걀흰자 B 45g

색소

① 버크아이브라운 3
콜블랙 1
② 레몬옐로우 5
골든옐로우 1

필링

레드벨벳 마카롱(p.226)의 필링

아이싱

슈거파우더 50g
달걀흰자 10g
블랙 색소 적당량

장식

스프링클 적당량
핑크 색소 적당량

PREPARATION

- 가루류는 체 쳐주세요.
- 버터는 실온에 두어 말랑하게 만들어주세요.

코크 만들기

1
프렌치 머랭법(p.36) 혹은 이탈리안 머랭법(p.40)을 참고하여 코크 반죽을 완성한 다음 반죽의 양을 1/3과 2/3으로 나누어 두 개의 볼에 담아주세요.

2
1/3 양의 반죽에 버크아이브라운 3방울, 콜블랙 1방울을 넣어 갈색으로 조색합니다.

3
2/3 양의 반죽에 레몬옐로우 5방울, 골든옐로우 1방울을 넣어 노란색으로 조색합니다.

4
갈색은 얼굴, 노란색은 몸통용입니다.

Tip 반죽을 여러 개로 나누면 반죽의 양이 적어져요. 반죽이 적어질수록 마카로나주의 횟수는 줄고 반죽이 빨리 완성됩니다. 반죽이 퍼지지 않도록 주의해주세요.

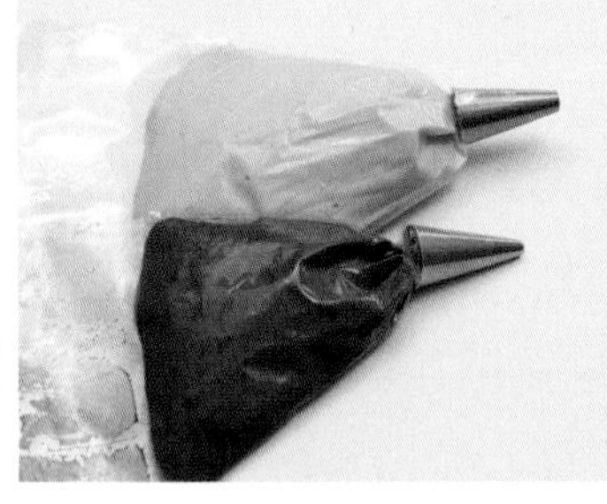

5
801번 깍지를 끼운 짤주머니에 갈색 반죽을, 803번 깍지를 끼운 짤주머니에 노란색 반죽을 각각 담아주세요.

6
노란색 반죽을 담은 짤주머니로 몸통을 팬닝합니다.

7
갈색 반죽을 담은 짤주머니로 얼굴을 팬닝합니다.

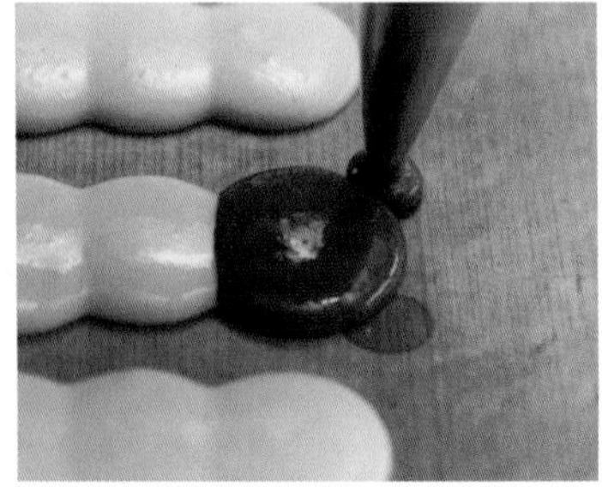

8
이어서 작은 원을 팬닝하여 귀를 만들어주세요. 팬닝을 마친 후 볼륨감을 위해 팬 바닥을 두드리지 않습니다.

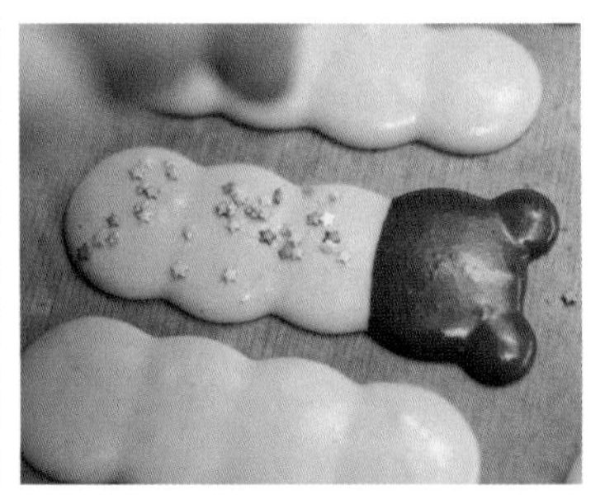

9
코크를 건조하기 전 스프링클로 표면을 장식합니다. 건조 후 150℃의 오븐에 넣어 12~14분 구워주세요.

로열 아이싱 만들기

10
슈거파우더와 달걀흰자를 섞어주세요.

11
반죽을 두 개로 나누고, 하나는 흰색 그대로 사용합니다.

12
다른 하나에 블랙 색소를 넣어 섞어주세요. 아이싱이 너무 묽으면 슈거파우더를 넣어 농도를 조절합니다.

13
완성된 아이싱은 코르네에 담아주세요. 코르네 만드는 법은 p.274를 참고합니다.

14
코크 윗면에 흰색 아이싱으로 원을 그려주세요.

15
흰색 원 위에 검은색 아이싱으로 코와 눈을 그려 얼굴을 완성합니다.

필링 만들기

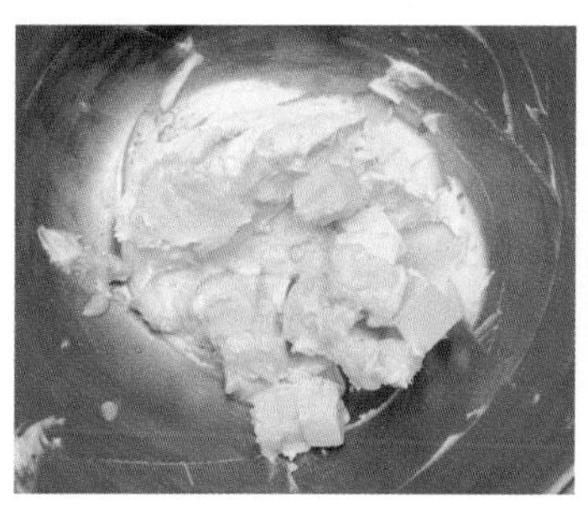

16
레드벨벳 마카롱(p.226)을 참고하여 필링을 만들어주세요.

몽타주하기

17
805번 깍지를 끼운 짤주머니에 레드벨벳 필링을 담은 후 완성된 코크 한쪽에 쌓아 올려주세요.

18
다른 코크로 위를 살짝 누르듯 덮어 완성합니다.

코르네 만들기

코르네는 유산지나 OPP 필름으로 만든 일회용 짤주머니입니다. 쿠키, 케이크, 초콜릿 등에 글씨를 쓰거나 장식을 할 때 사용합니다. 비닐 짤주머니보다 끝이 단단해 섬세한 표현을 하기에 좋아요.

❶ 유산지를 밑면 30cm의 삼각형으로 잘라주세요.

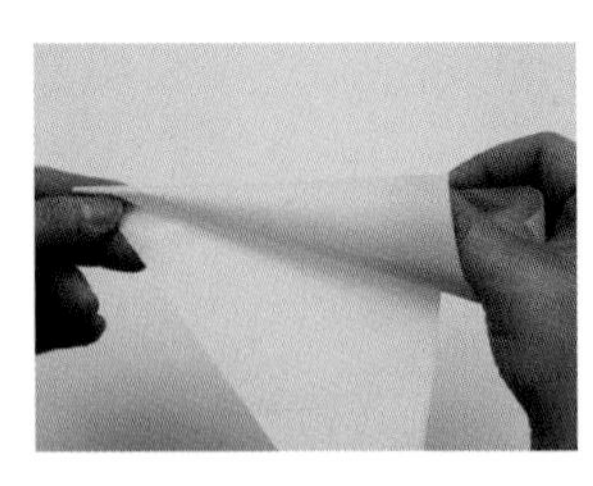

❷ 삼각형 밑면 중앙을 중심으로 왼쪽 끝에서부터 돌돌 말아주세요.

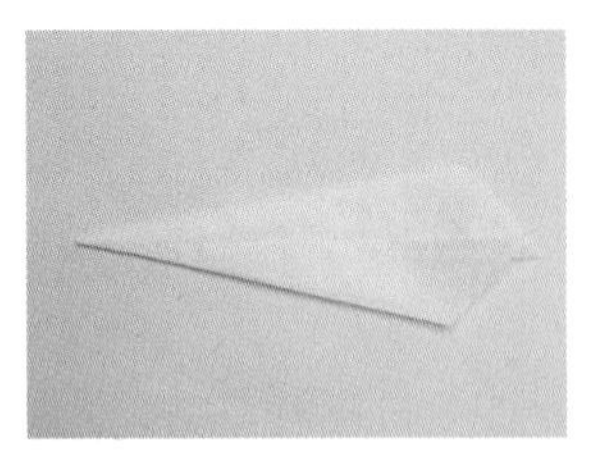

❸ 끝이 뾰족한 고깔이 되도록 손으로 고정시킨 후 아이싱을 넣고 끝을 조금 잘라 사용합니다. 위를 돌돌 말아 아이싱이 새어나오지 못하도록 접어 고정시켜주세요.

LOVE
LOVE

CHARACTER MACARON

캐릭터 마카롱

마카롱도 여러 가지 캐릭터 표현이 가능합니다.
아이들이 좋아하는 다양한 캐릭터로 응용하여 만들어보세요.

INGREDIENTS

(약 10개 분량)

코크

프렌치 머랭 코크

달걀흰자 112g
설탕 96g
아몬드파우더 150g
슈거파우더 135g

이탈리안 머랭 코크

물 30g
설탕 69g
달걀흰자 A 45g
아몬드파우더 125g
슈거파우더 125g
달걀흰자 B 45g

색소

① 버크아이브라운 3
콜블랙 소량
② 버건디와인 2
레드레드 3

필링

헤이즐넛 쇼콜라 마카롱(p.186)의 필링

아이싱

슈거파우더 50g
달걀흰자 10g
색소 콜블랙

PREPARATION

- 가루류는 체 쳐주세요.
- 버터는 실온에 두어 말랑하게 만들어주세요.

코크 만들기

1
프렌치 머랭법(p.36) 혹은 이탈리안 머랭법(p.40)을 참고하여 코크 반죽을 완성합니다. 반죽을 2개로 나누어 캐릭터에 필요한 갈색과 빨간색으로 조색합니다. 801번 깍지를 끼운 짤주머니에 빨간색 반죽을, 800번 깍지를 끼운 짤주머니에 갈색 반죽을 각각 담아 준비합니다.

Tip 반죽을 여러 개로 나누면 반죽의 양이 적어져요. 반죽이 적어질수록 마카로나주의 횟수는 줄고 반죽이 빠르게 완성됩니다. 반죽이 퍼지지 않도록 주의해주세요.

2
먼저 갈색 반죽으로 곰돌이의 얼굴, 손과 발을 팬닝합니다.

3
윗면이 될 코크는 몸통 부분을 빨간색 반죽으로 하트 모양으로 팬닝합니다.

4
갈색 반죽으로 귀를 짠 다음 아랫면이 될 코크는 몸통을 팬닝하고 그 위에 꼬리 모양을 만들어줍니다.

5
다시 윗면이 될 코크로 돌아와 곰돌이 손을 팬닝하여 하트를 안고 있는 모양을 만들어줍니다.

6
주둥이 부분을 그려줍니다. 건조 후 150℃의 오븐에서 13분간 구운 후 식혀주세요.

로열 아이싱 만들기

7

빼빼로 마카롱(p.270)을 참고하여 로열 아이싱(블랙, 화이트)을 만들어주세요. 블랙 아이싱으로 얼굴에 눈과 코를 그리고 화이트 아이싱으로 가슴에 글자를 써줍니다.

필링 만들기

8

헤이즐넛 쇼콜라 마카롱(p.186)을 참고하여 필링을 만들어주세요.

몽타주하기

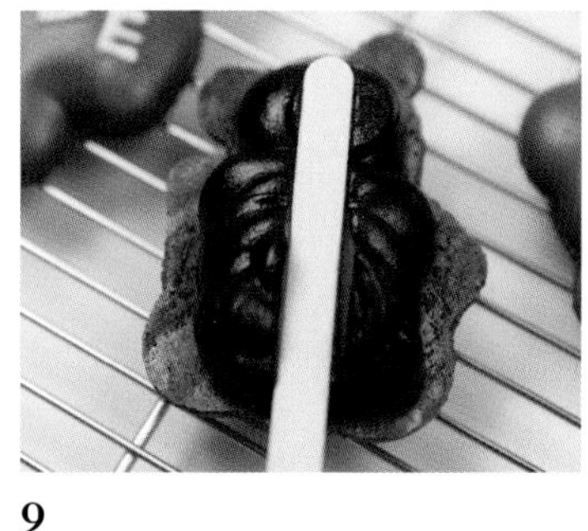

9

804번 깍지를 끼운 짤주머니에 헤이즐넛 쇼콜라 필링을 담고 아랫면이 될 코크에 짜 올린 다음 나무 막대기를 얹어주세요.

10

다른 코크로 위에서 가볍게 눌러 덮어 몽타주합니다.

DOUGHNUT MACARON

도넛 마카롱

만화 속 주인공이 즐겨 먹는 도넛을 마카롱으로 표현해보았어요.
사랑스런 핑크색 글레이즈를 올려 눈이 즐거워진답니다.

INGREDIENTS

(약 6개 분량)

코크

프렌치 머랭 코크

달걀흰자 112g
설탕 96g
아몬드파우더 150g
슈거파우더 135g

이탈리안 머랭 코크

물 30g
설탕 69g
달걀흰자 A 45g
아몬드파우더 125g
슈거파우더 125g
달걀흰자 B 45g

색소

버크아이브라운 1
콜블랙 소량

필링

다크초콜릿 마카롱(p.194 참고)의 필링 사용

아이싱

슈거파우더 50g
달걀흰자 10g
색소 핑크

장식

스프링클 적당량

PREPARATION

- 가루류는 체 쳐주세요.
- 버터는 실온에 두어 말랑하게 만들어주세요.

코크 만들기

1
프렌치 머랭법(p.36) 또는 이탈리안 머랭법(p.40)을 참고하여 코크 반죽을 완성해주세요. 색소를 넣어 조색합니다.

2
803번 깍지를 끼운 짤주머니에 반죽을 담고 도안대로 팬닝해주세요. 팬닝을 마친 후 오븐팬 바닥을 두드려 표면의 기포를 정리합니다. 건조 후 150℃의 오븐에서 12분 구워주세요.

필링 만들기

3
다크초콜릿 마카롱(p.194)을 참고하여 필링을 만들어주세요.

몽타주하기

4
805번 깍지를 끼운 짤주머니에 필링을 담고 한쪽 코크에 짜 올려 몽타주합니다.

장식하기

5
빼빼로 마카롱(p.270)을 참고하여 핑크색 색소를 넣어 로열아이싱을 만들고 짤주머니에 담아 코크 윗면에 뿌려주세요.

6
아이싱이 마르기 전 스프링클을 뿌려 완성합니다.

◇ 코크 플레이크

INGREDIENTS (만들기 쉬운 분량)

코크 적당량

1
완성된 코크를 먹기 좋은 크기로 잘라주세요.

2
테프론 시트를 깐 오븐팬 위에 펼쳐 주세요.

3
150℃의 오븐에 넣고 10분간 구워 주세요. 수분이 날아가 바삭한 식감과 고소한 맛이 배가되는 맛있는 코크 플레이크가 완성됩니다.

◇ 머랭쿠키

INGREDIENTS (약 60개 분량)

달걀흰자 100g
설탕 125g
슈거파우더 60g
바닐라 익스트랙트 3방울

1
달걀흰자와 설탕을 볼에 넣고 거품기로 섞어주세요.

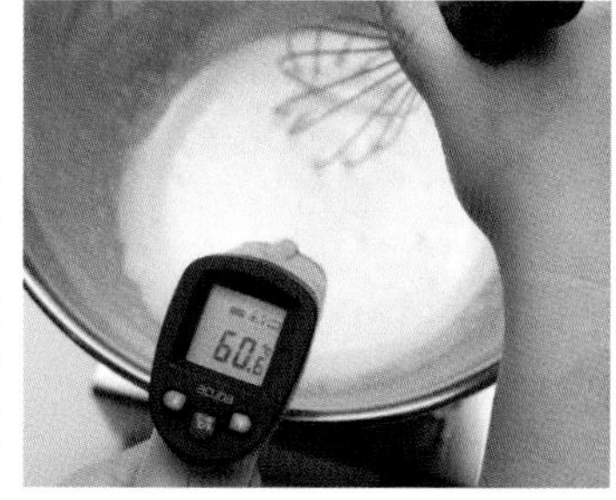

2
볼을 중탕물에 올려 휘퍼로 저으며 온도를 60℃까지 올린 후 불에서 내려주세요.

3
중탕물에서 내리고 핸드믹서를 고속으로 하여 휘핑합니다.

4
휘퍼날을 들어 올렸을 때 힘 있고 단단하며 탄력 있는 머랭으로 만들어주세요.

5
머랭이 완성되면 바닐라 익스트랙트 3방울과 슈거파우더, 소량의 색소를 넣어 핸드믹서를 저속으로 하여 가볍게 휘핑한 뒤 마무리합니다. 색소나 향은 취향에 따라 넣어주세요.

6
807번 깍지를 끼운 짤주머니에 머랭을 담고 테프론시트 위에 적당한 크기로 짜주세요.

7
90℃로 예열된 오븐에 넣고 1시간 30분~2시간 구워주세요.

Tip 머랭쿠키를 보관할 때는 밀폐용기에 담아 제습제를 함께 넣어 실온에서 보관해주세요.

Monique Atelier

MACARON CLASS

모니크 아뜰리에 마카롱 클래스

2020년 9월 1일 개정판 인쇄
2020년 9월 10일 개정판 발행

지은이 김동희

펴낸이 정상석
책임편집 송유선
디자인 김보라
사진 **과정** 도영찬 **완성** 오세영
스타일링 손아름
펴낸 곳 터닝포인트(www.diytp.com)
등록번호 제2005-000285호

주소 (03991) 서울시 마포구 동교로27길 53 지남빌딩 308호
전화 (02) 332-7646
팩스 (02) 3142-7646
ISBN 979-11-6134-084-5 (13590)

정가 20,000원

내용 및 집필 문의 diamat@naver.com
터닝포인트는 삶에 긍정적 변화를 가져오는 좋은 원고를 환영합니다.

—
이 도서의 국립중앙도서관 출판예정도서목록(CIP)은 서지정보유통지원시스템 홈페이지(http://seoji.nl.go.kr)와
국가자료공동목록시스템(http://www.nl.go.kr/kolisnet)에서 이용하실 수 있습니다. (CIP제어번호: CIP2020033928)

기본 마카롱

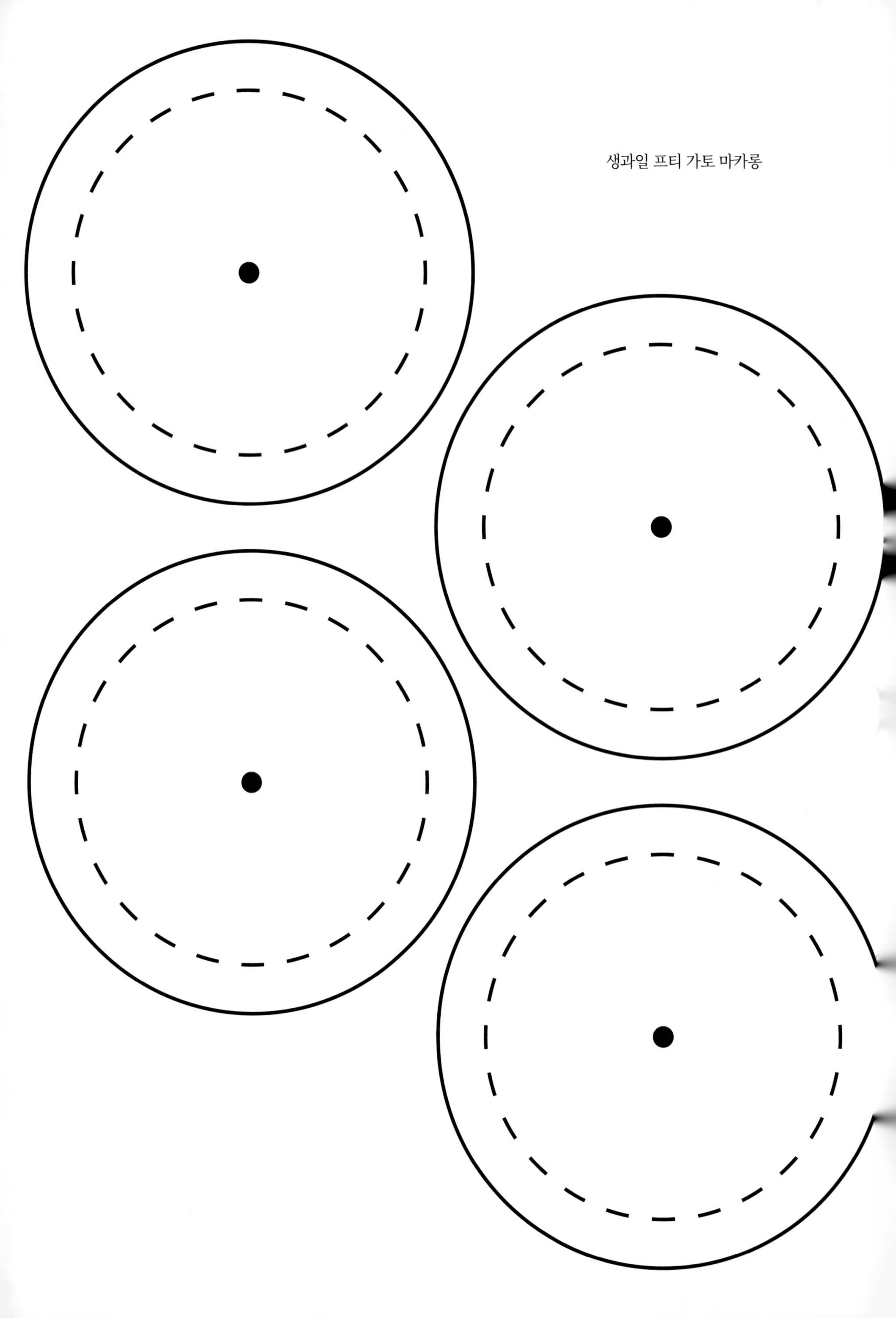
생과일 프티 가토 마카롱

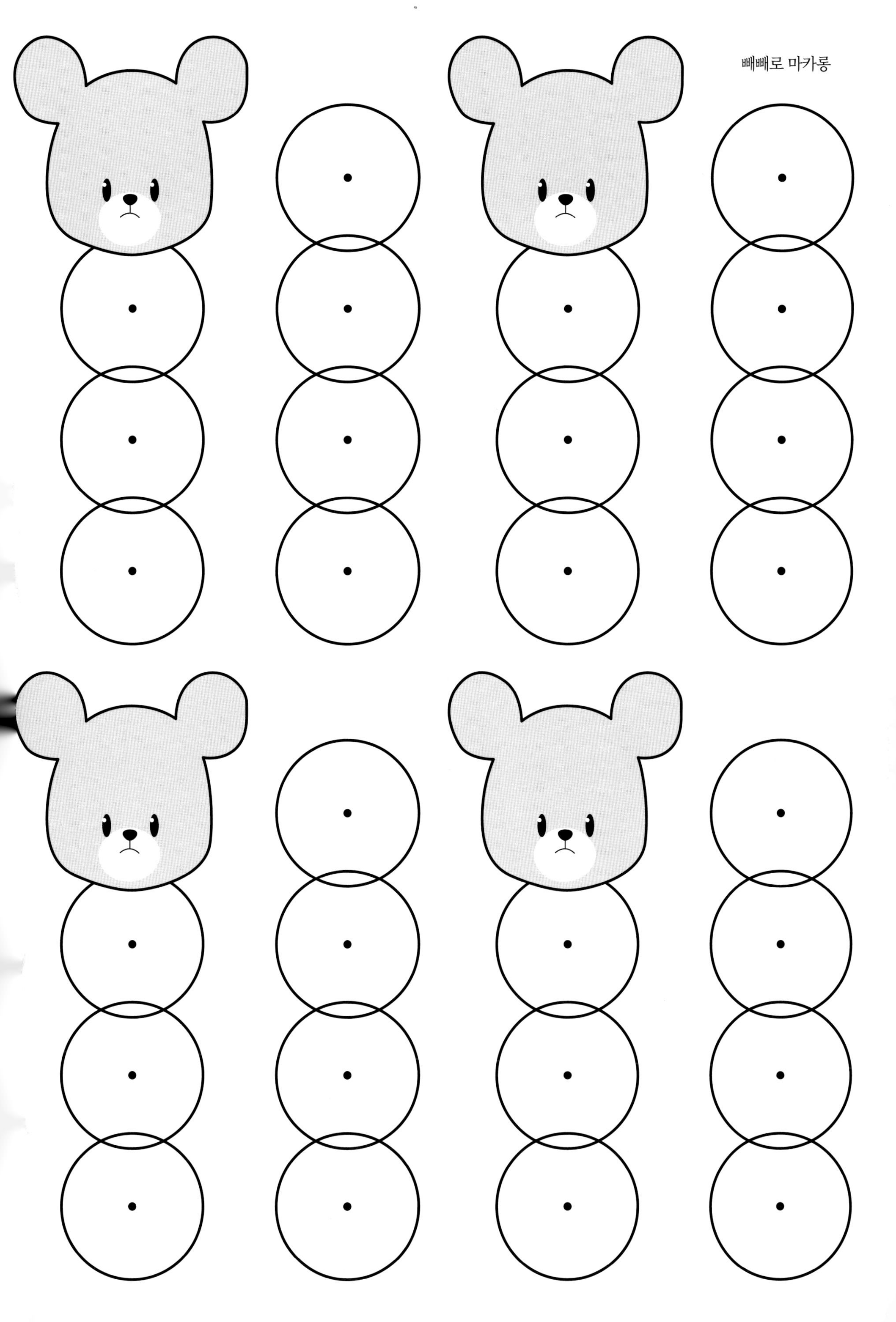

도넛 마카롱